【暢銷修訂版】

漫畫 結構力學入門

原作＝原口秀昭　漫畫＝Sano Marina　譯者＝賴庭筠

積木文化

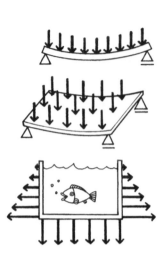

目　次

人物介紹

▶ 阿築

一心想成為建築師的女子大學學生，個性強勢不服輸，尤其擅長結構力學（日文稱構造力學），在某個機緣下，開始教導青梅竹馬的阿晃進入這門有趣的科學。

◀ 阿晃

就讀大學四年級，一直無法順利取得「結構力學」學分而瀕臨被留級的危機，因此在即將畢業前緊急接受阿築的特訓。因為崇拜某位建築師而學泰拳，但內心其實膽小而敏感。

友子

阿築的同學，讓阿晃偷偷暗戀的氣質美女，至於擅不擅長結構力學就無從得知了。

阿築的父親

技術精良的木工，常與女兒拌嘴。出現在第六章，親自教阿晃「負載」的觀念。

4

第1章 向量
以向量往女子大學出發！GO！

結構力學

嗯嗯嗯

小澤同學，你補考還是沒過耶。

這門課是大二的必修，可是你已經大四了吧？

要是你下學期再被當，就得延畢囉，你做好心理準備吧。

嗯……

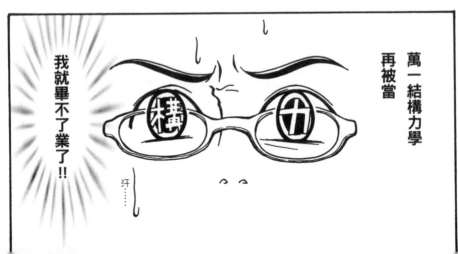

萬一結構力學再被當

我就畢不了業了！！

汗……

8

箭頭就是方向加上長度吧？

方向加長度啊

妳別把車弄髒啊⋯⋯

啥——！！
我不懂！！

那到底是什麼——

就算是同一個方向，只要長度不同，向量也不一樣哦。

懂了嗎？

我換個方式說明吧？

箭頭＝向量＝具有方向和距離大小的量

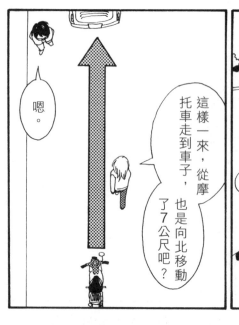

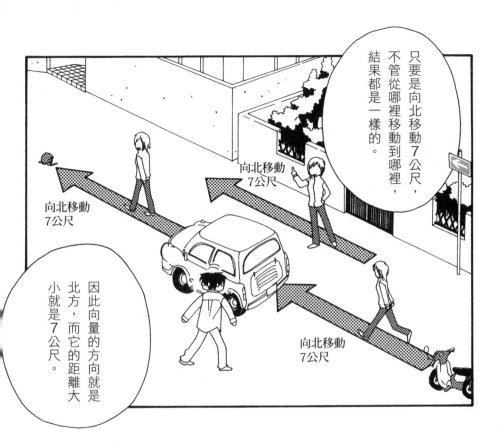

向量

向量（箭頭）若平行移動，只要大小一樣，那麼向量也相同。

上述向北移動7公尺的例子，指的就是這個方向及距離（大小）的向量。

向量是具有大小和方向的量，若大小、方向相同，則向量相同。

相同大小和方向的向量，無論怎麼移動，都不會改變。

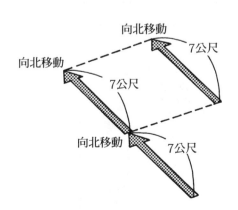

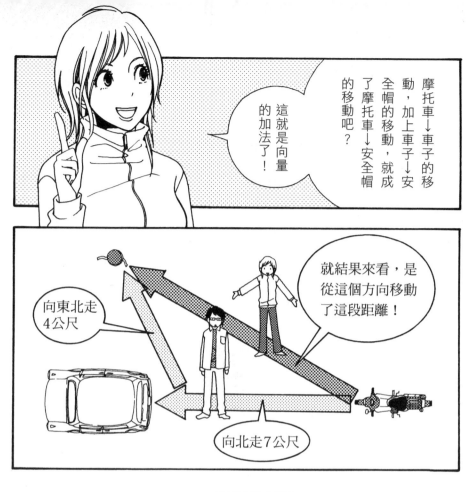

向量的加法

自A走到B的向量為 $\overrightarrow{AB}$

自B走到C的向量為 $\overrightarrow{BC}$

先自A走到B，再自B走到C，就結果來
看，就是自A走到C。

而它的公式可寫成 $\overrightarrow{AB}+\overrightarrow{BC}=\overrightarrow{AC}$

這可以說是**向量的加法或合成**。

相反地，若將$\overrightarrow{AC}$分成$\overrightarrow{AB}+\overrightarrow{BC}$，就成了**向量的分解**。

也就是說，向量的合成和分解的原理，其實是一樣的。

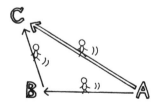

合成：$\overrightarrow{AB}+\overrightarrow{BC}=\overrightarrow{AC}$

分解：$\overrightarrow{AC}=\overrightarrow{AB}+\overrightarrow{BC}$

如果用ｘ軸、ｙ軸來思考，從車子走到摩托車的向量，就是要把ｘ向長度４公尺的向量，與ｙ向長度７公尺的向量加起來。

ｙ方向
7m

ｘ方向
4m

北
ｙ軸
東
x軸

哈欠……

阿築，我已經不行了！

分解成x、y向

$$\vec{AC} = (4,7) \cdots 組成標示 \quad \vec{AC} = \vec{AB} + \vec{BC}$$

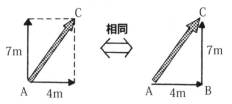

相同

如上所示，將向量分解成x、y向，計算起來就比較方便。

（4,7）就表示x、y方向各有多少長度，這稱為**向量的分量**。

22

向量就是箭頭，是具有方向和大小的量。

向北移動7公尺就是一種向量，其大小為7公尺，方向為北。

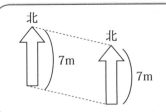

只要是向北移動7公尺，無論位置為何都是相同的。只要是平行移動，則向量不變。

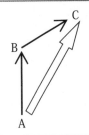

先自A走到B，再自B走到C，就結果來看，就是自A走到C。這就是向量的加法。

$$\overrightarrow{AB} \quad + \quad \overrightarrow{BC} \quad = \quad \overrightarrow{AC}$$

自A移
動到B

自B移
動到C

自A移
動到C

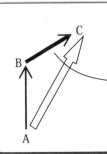

向量平行移動時不變，因此算加法時，三角形可以推演出一個平行四邊形。

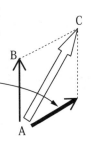

27

28

30

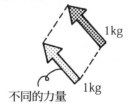

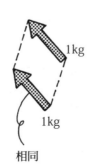

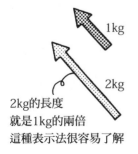

向量與力量的差別

向量是具有大小與方向的量。

可以用箭頭表示。

2kg的長度
就是1kg的兩倍
這種表示法很容易了解

平行移動時,向量卻不會改變。

相同

但就算是平行移動,力量都會變得不同。

不同的力量

因為力量除了大小與方向,還要考慮作用點。

力量要具有**大小、方向、作用點**三個要素才算完整。

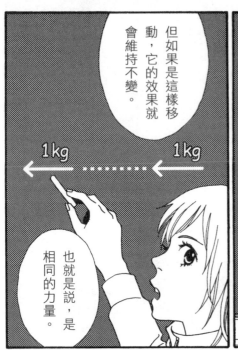

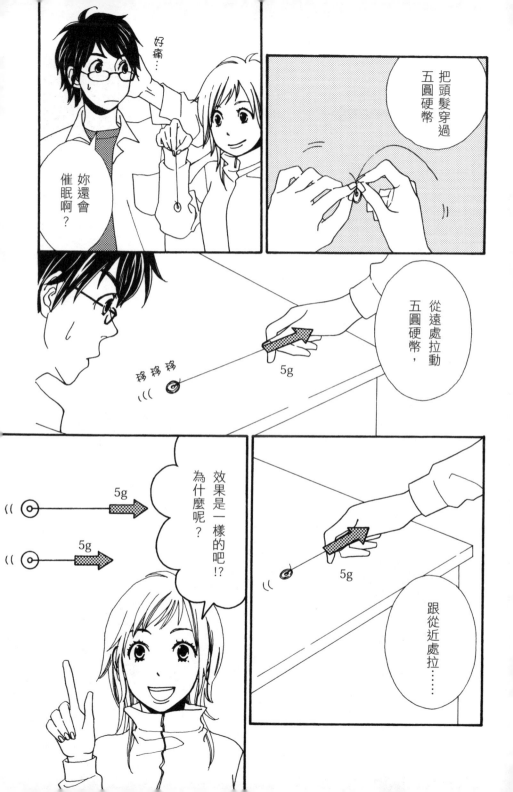

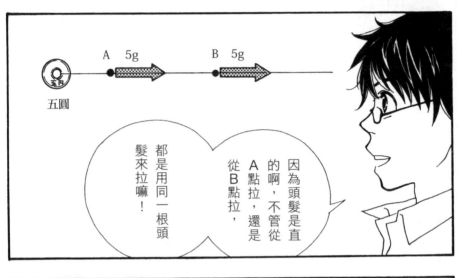

A 5g　　　B 5g

五圓

因為頭髮是直的啊，不管從A點拉，還是從B點拉，都是用同一根頭髮來拉嘛！

這根頭髮就是力的作用線。

力的作用線？

沒錯☆

我如果一開始就說作用線，你一定會覺得很難懂，但如果把它聯想成頭髮，就很容易懂了吧？

但是很痛

而且還會禿頭

34

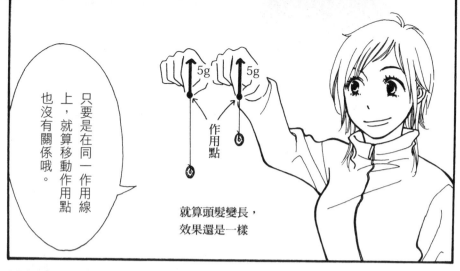

只要是在同一作用線上，就算移動作用點也沒有關係哦。

就算頭髮變長，效果還是一樣

作用點

也就是說，在作用力的延長線上改變施力點，效果還是相同囉。

效果相同

推

作用點

拉

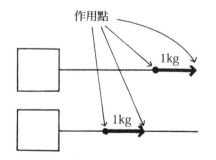

作用點

1kg

1kg

解釋力的合成時，這個原理就能派上用場。

力的作用線

用繩子拉東西，不管握住繩子的哪個部分，效果都相同。這條繩子可視為力的作用線，只要在同一條作用線上移動，力就不會變。

力量單位

質量是一個常量，不會受外在環境影響。1kg 的質量，不管是在地球、月球，還是在仙女座星系，都不會有所變動。而在地球上要拉動1kg物體的力量寫成1kgf。

愈往月球移動，力就會愈來愈小。

力量單位除了kgf、gf，還有N、dyn等。1N 的力代表對1kg物體施加1m/s² 加速度的力。

本書為了讓初學者容易了解，因此將kgf都標成kg。一開始先不要在意單位，了解原理比較重要！

$$\left.\begin{array}{l} kg \\ g \end{array}\right\} \cdots 質量單位$$

$$\left.\begin{array}{l} kg重，kgf \\ g重，gf \\ N，dyn \end{array}\right\} \cdots 力量單位$$

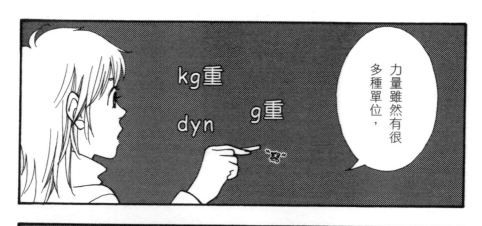

力量雖然有很多種單位，

kg重

dyn　　g重

但一開始不要想那麼多，先了解原理……

kg重

dyn　　g重

我們去吃飯吧！

哎呀

拍

呼啊啊啊……

好痛手～

我是在思考鐘擺的原理啦！

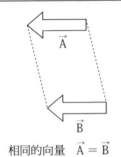

$\vec{A}$

$\vec{B}$

相同的向量　$\vec{A} = \vec{B}$

如果是平行移動，則向量不會改變。因為向量是由大小及方向組合而成，平行移動時，大小、方向不會改變，因此向量也不會改變。

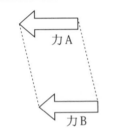

力 A

力 B

不同的力　力 A ≠ 力 B

但就算是平行移動，力量還是會變得不同，因為力量還必須考慮作用點。

方向

作用點

大小

力量的三要素是大小、方向及作用點。就算向量相同，只要作用點不同，就是不同的力量。

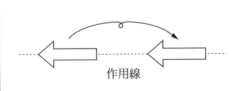

作用線

雖然平行移動會改變力量，但若維持在同一作用線上，則力量不變。

第3章 力矩

力矩也要注意角度!?

40

阿築真是熱心。

你從外面壓看看。

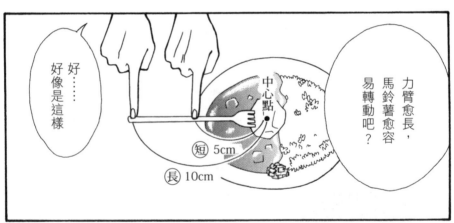

好……好像是這樣

力臂愈長，馬鈴薯愈容易轉動吧？

中心點

短 5cm

長 10cm

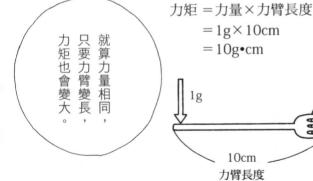

就算力量相同，只要力臂變長，力矩也會變大。

力矩 ＝力量×力臂長度
　　 ＝1g×10cm
　　 ＝10g•cm

1g

10cm
力臂長度

中心點

要使物體轉動的力矩，是用力量×力臂長度來計算的。

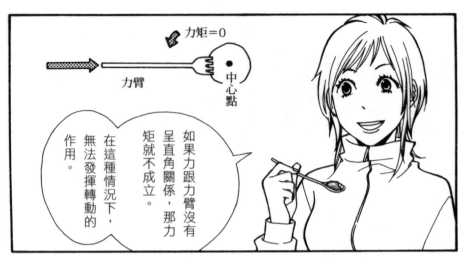

如果力跟力臂沒有呈直角關係，那力矩就不成立。

在這種情況下，無法發揮轉動的作用。

如果從斜角施力，那就只要考慮直角部分的力量。

那個馬鈴薯還能吃嗎……

斜角力量的力矩

從斜角施以10g的力，可以分解成直角及叉子方向的力，大小分別是6g及8g。發揮力矩作用的只有呈直角方向的6g力量。因此它的力矩是6g×10cm＝60g•cm。

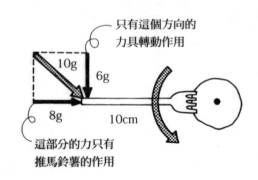

只有這個方向的力具轉動作用

這部分的力只有推馬鈴薯的作用

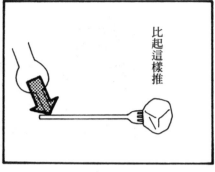

比起這樣推

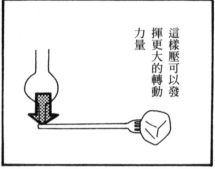

這樣壓可以發揮更大的轉動力量

如果要轉動馬鈴薯，就要從叉子直角的方向施力。

誰會想那麼多啊……

用手指扣住杯子時，也會用到力矩哦！

杯子剛剛轉動了吧？

咳咳咳

咳咳

嘟嘟

喝個湯好了……

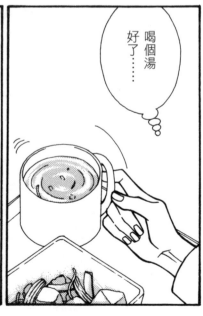

45

逆時鐘的力矩
＝20g×10cm
＝200g‧cm

順時鐘的力矩
＝10g×20cm
＝200g‧cm

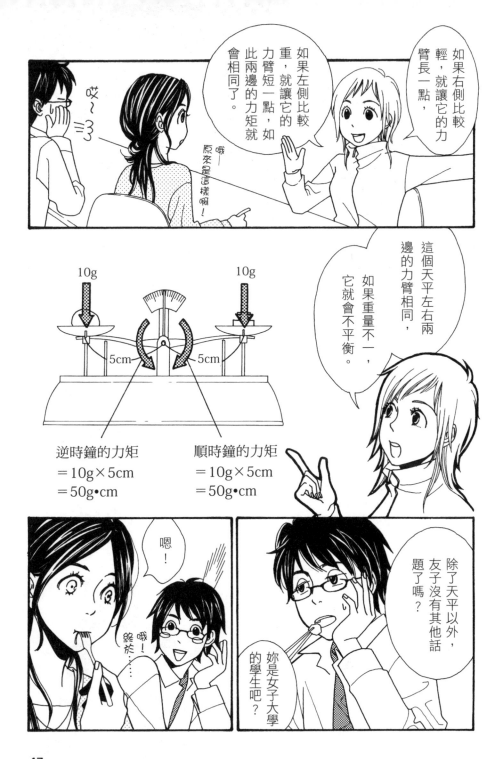

逆時鐘的力矩
＝10g×5cm
＝50g•cm

順時鐘的力矩
＝10g×5cm
＝50g•cm

友子要不要去喝咖啡啊？

好啊！

等一下！！

扭

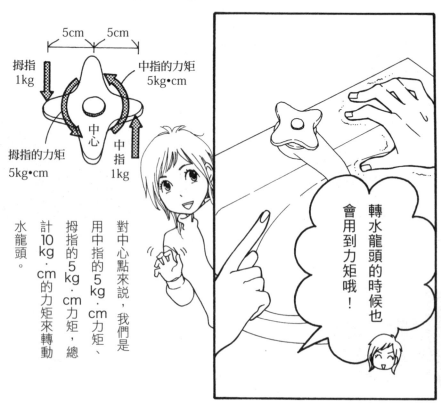

轉水龍頭的時候也會用到力矩哦！

5cm　5cm

拇指
1kg

中指的力矩
5kg•cm

中心

拇指的力矩
5kg•cm

中指
1kg

對中心點來說，我們是用中指的5kg•cm力矩、拇指的5kg•cm力矩，總計10kg•cm的力矩來轉動水龍頭。

50

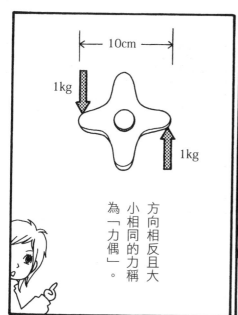

方向相反且大小相同的力稱為「力偶」。

原來如此啊！

喂喂喂

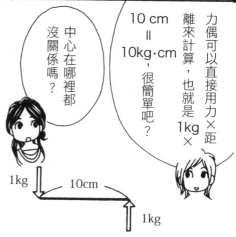

力偶可以直接用力×距離來計算，也就是1kg×10cm＝10kg‧cm，很簡單吧？

中心在哪裡都沒關係嗎？

力偶大小 ＝力×（兩力矩離）
　　　　 ＝1kg×10cm
　　　　 ＝10kg‧cm

大小相同、方向相反的力是力矩的特別版本，稱為「力偶」。

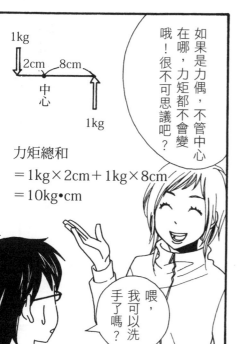

如果是力偶，不管中心在哪，力矩都不會變哦！很不可思議吧？

力矩總和
＝1kg×2cm＋1kg×8cm
＝10kg‧cm

喂，我可以洗手了嗎？

你要用身體記住力矩才行!

好痛

叔叔,不好意思……

……

哈哈哈

哈哈哈

好啦好啦,握住外側,轉動起來比較輕鬆吧。

轉動了……

扭

我眼睛都花了

昏頭轉向
啊!眼花了……

呀——

嘿!

轉了又轉

阿晃,你沒什麼精神耶!

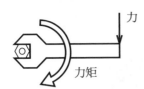

力矩指的是力的轉動作用。

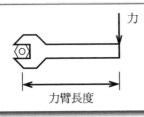

力矩＝力量×力臂。

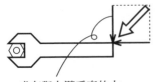

力矩小　　　　力矩大

在力量相同的情況下，力臂愈長，力矩愈大。

 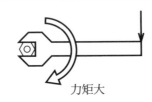

唯有與力臂垂直的力，才能成為轉動的力量。

唯有與力臂垂直的力，才能產生力矩。

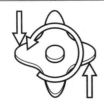

方向相反且大小相同的力稱為力偶，力偶也是力矩的一種。

這個是我做的哦！

有了

咖啡

翻找

這房間真整齊

阿築真是小氣…

竟然想喝免費咖啡

剛好老師也不在。

在這裡喝咖啡吧！

妳們就是在這間研究室寫論文啊！

張望

張望

痛

拔

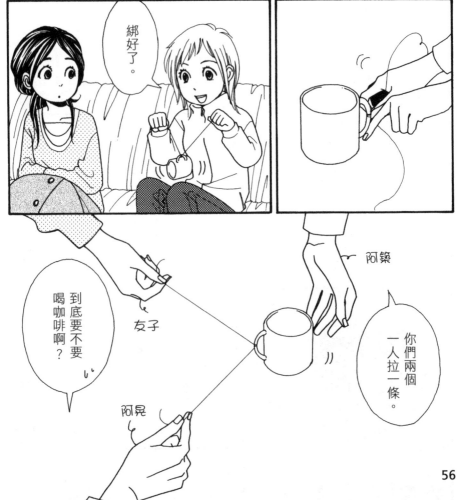

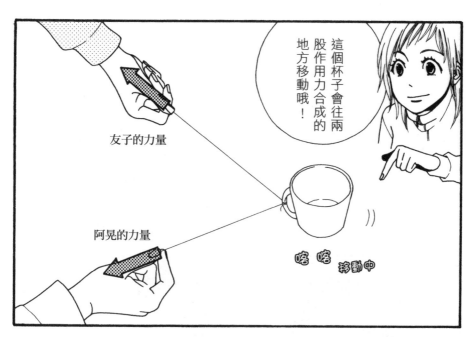

這個杯子會往兩股作用力合成的地方移動哦！

友子的力量

阿晃的力量

喀 喀 移動中

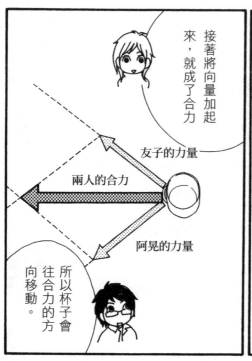

接著將向量加起來，就成了合力

友子的力量

兩人的合力

阿晃的力量

所以杯子會往合力的方向移動。

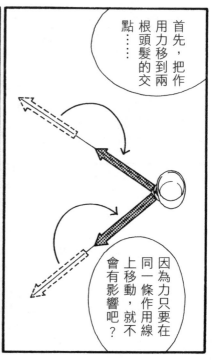

首先，把作用力移到兩根頭髮的交點……

因為力只要在同一條作用線上移動，就不會有影響吧？

57

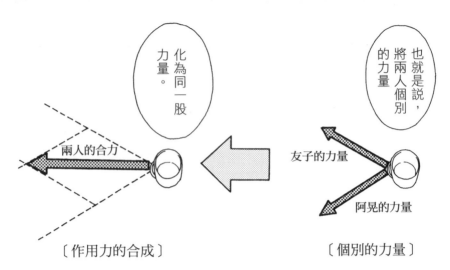

〔作用力的合成〕　　　　　　　　　　〔個別的力量〕

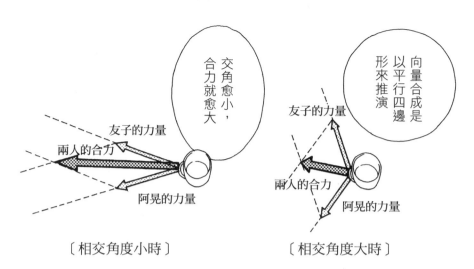

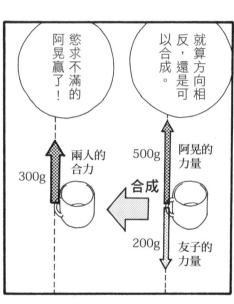

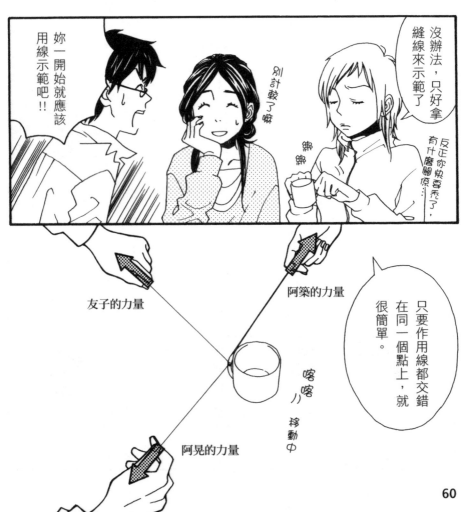

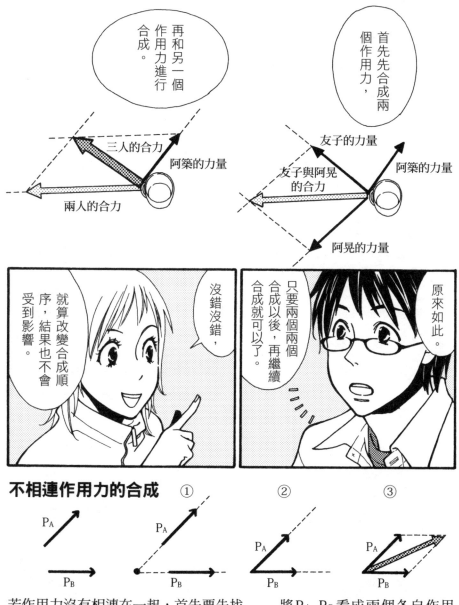

不相連作用力的合成　　①　　　　②　　　　③

若作用力沒有相連在一起，首先要先找出作用線的交點（①）。由於力在同一條作用線上移動，就不會有所影響，所以我們可以將力移動到交點處（②）。接著，只要計算向量的加法，就可以利用平行四邊形算出合力（③）。

將 P_A, P_B 看成兩個各自作用的力，或將 $P_A + P_B$ 此合力視為一個作用力，效果是相同的。將合力 $P_A + P_B$ 分解為 P_A, P_B，稱為**力的分解**。合成的相反就是分解。

作用力的分解

若我們要分解力 F，首先要決定分解的方向（①），一般是分解成x、y軸的方向。接著，用與合成時相反的方法，畫出一個平行四邊形，把一個向量分解成兩個向量（②）。

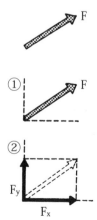

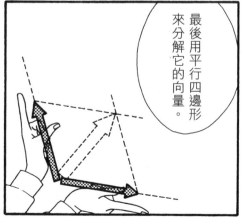

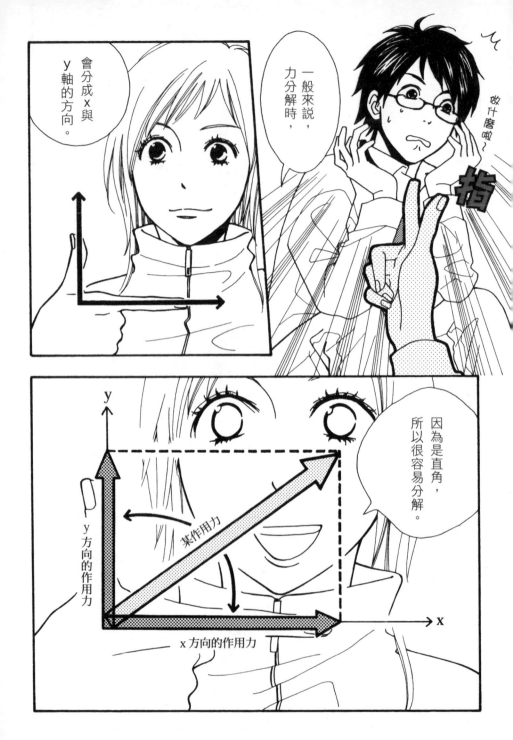

64

sinθ、cosθ!!

天啊啊啊

這傢伙完蛋了！

因為是直角，所以可以利用 sinθ、cosθ 來計算。

x、y方向，對吧？

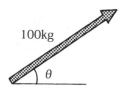

100kg

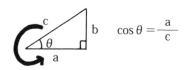

$100kg \times \sin\theta$

$100kg \times \cos\theta$

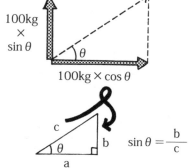

$\sin\theta = \dfrac{b}{c}$

$\cos\theta = \dfrac{a}{c}$

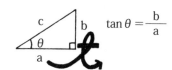

$\tan\theta = \dfrac{b}{a}$

用 sinθ、cosθ 來分解

將100kg的力分解為 x、y方向，情形如上圖所示。x方向的力可以用 cosθ 來求，而 y方向的力則可以 sinθ 來求。我們可利用直角三角形先將 sinθ、cosθ 求出，這樣計算起來更為方便。而 sin、cos、tan 的定義可利用右圖來記憶。

65

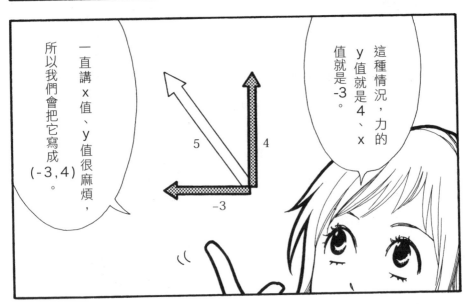

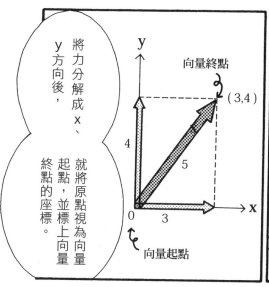

將力分解成 x、y 方向後，就將原點視為向量起點，並標上向量終點的座標。

向量終點

(3,4)

4

5

0　3

向量起點

啊，那就是向量的分量吧？

是呀

①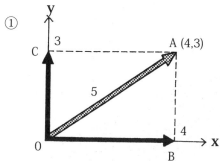

C　3　　　　　　A (4,3)

5

0　　　　　　B　4

向量的分解與座標

將向量$\overrightarrow{OA}$分解為 x、y 方向後，就會形成圖①。以公式來呈現為：

$$\overrightarrow{OA}=\overrightarrow{OB}+\overrightarrow{OC}$$

$\overrightarrow{OB}$是$\overrightarrow{OA}$的 x 分量，而$\overrightarrow{OC}$是$\overrightarrow{OA}$的 y 分量。我們可將 x、y 成分省略寫成：

（x成分，y成分）＝（4,3）

這就是向量$\overrightarrow{OA}$的標示方法，也是 A 點的座標。

力的合成亦可利用（x、y）的加法來計算，如圖②：

$$\overrightarrow{OE}+\overrightarrow{OD}＝（-3,4）＋（4,3）$$
$$＝（-3+4,4+3）$$
$$＝（1,7）$$
$$\therefore\overrightarrow{OF}＝（1,7）$$

②

F

(-3,4)

E

4

3

D

(4,3)

-3　　0　　　　4　　x

哇～

謝謝小友♥

動作真快

小友是誰啊…

來，先喝個咖啡吧！反正我也泡了…

瞪

你會力的分解了嗎？

好久沒喝到那麼好喝的咖啡啦！

滋潤身心

好喝！

咕嚕

....

扣

我的頭要分解了!!!

算了吧

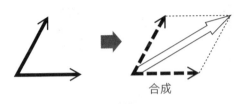

力是一種向量，因此，力的合成可以用向量的加法來計算。

合成

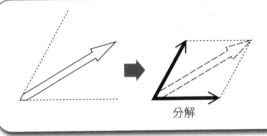

合成的相反就是分解。

分解

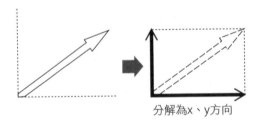

進行力的分解時，我們通常是將力分解為 x、y 方向。

分解為 x、y 方向

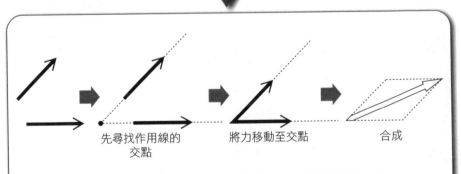

先尋找作用線的交點　　將力移動至交點　　合成

若兩力沒有相交，可以將力移動至作用線的交點以進行合成。

第5章 力的平衡

酒與女人。快要失去平衡！

老爸一大早就在喝酒……

他工作一定壓力很大，所以才要借酒澆愁。

阿晃

你知道為什麼這個酒瓶不會掉下去嗎？

已經要開始講了嗎……

那……因為它很平衡啊～

因為重力均衡。

72

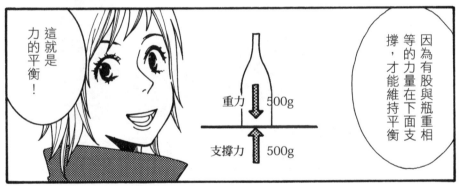

力的平衡

放在板子上的石頭之所以不會掉落，是因為重力與支撐板子的力量能維持平衡。抵抗重力的支撐力稱為反作用力（一般簡稱反力），因為它是反抗重力的力。100g重力的反力也是100g，50g重力的反力也是50g，所以有多少力，就會產生多少反力。

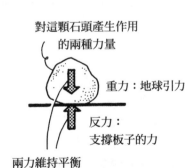

對這顆石頭產生作用的兩種力量

重力：地球引力

反力：支撐板子的力

兩力維持平衡

嘀嘀

咕咕

真不可思議啊……

支撐力竟然跟重力一樣……這也太誇張了吧。

扭

嗍嗍

水聲

在瓶子裡裝水看看。

嗯～這是學者的陰謀吧…

你是呆子嗎？

裝水後，瓶子的重量加倍，

2kg

咚

還是不會動，

這就表示，支撐力也跟著加倍。

2kg

2kg

陰謀的味道愈來愈濃了…

就會失去平衡，掉到地上！

哇！

10t

喀鏘

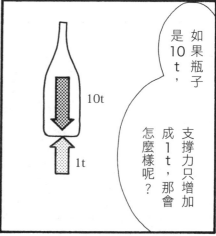

如果瓶子是10t，支撐力只增加成1t，那會怎麼樣呢？

10t

1t

平衡與作用．反作用

可以用這個順序來記「**平衡⇨一個物體的作用．反作用⇨兩個物體**」。

平衡指的是作用於一個物體上的力維持平衡，得以保持靜止（或以等速運動）的狀態。

作用．反作用指的是某物體對其他物體施力時，會自該物體接收大小相等的反向作用力。這就是兩個物體間力的作用和反作用效應。

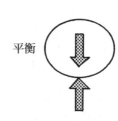

平衡

作用於同一物體上的力維持平衡

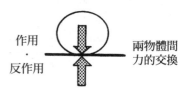

作用．反作用

兩物體間力的交換

在西部片的酒吧裡……

?

你知道嗎？

別亂來啊!!

哇啊啊啊

Here you are.

Thanks.

滑

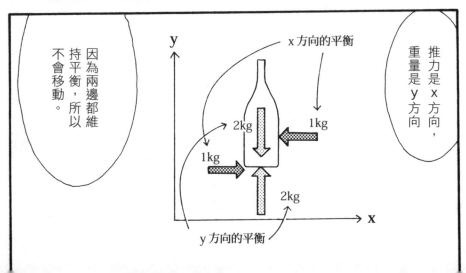

只要水平和垂直的力都維持平衡就成了吧？

若要物體不移動，x、y方向的力都必須維持平衡。

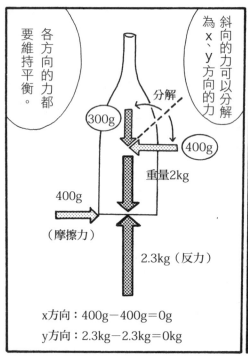

斜向的力可以分解為x、y方向的力

分解

各方向的力都要維持平衡。

300g

400g

重量2kg

400g

（摩擦力）

2.3kg（反力）

x方向：400g－400g＝0g

y方向：2.3kg－2.3kg＝0kg

斜向的力也是。

500g

清酒 色男

力量平衡嗎？兩種檢驗法

① 用製圖來思考。

先求出P_1+P_2，再求出
$P_1+P_2+P_3$，若其結果
為零，則合力＝0，表
示三力達到平衡。

② 用x、y分量來思考。

將力分解為x、y方向，並利用加法來計算。

$P_1 = (P_1\cos\theta_1, P_1\sin\theta_1)$

$P_2 = (P_2, 0)$

$P_3 = (P_3\cos\theta_3, P_3\sin\theta_3)$

$P_1+P_2+P_3$

$= (P_1\cos\theta_1+P_2+P_3\cos\theta_3, P_1\sin\theta_1+P_3\sin\theta_3)$

若x、y分量分別為0，則合力＝0，表示三力達到平衡。

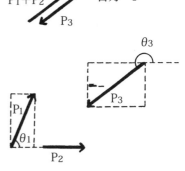

但有時候就算維持x、y方向的力維持平衡，瓶子也會倒哦！

⋯⋯⋯⋯

發得好啊⋯⋯

為什麼維持平衡，水還是會濺出來呢!?

那是因為力道偏了，所以會旋轉。

就算是大小相同、方向相反的力，只要作用線偏移，就會產生使物體旋轉的力矩。

400g

400g

10cm

400×10g•cm

要讓力矩維持平衡，是有條件的。

維持平衡還是會動嗎？

那豈不是白搭。

除了x、y方向的總和必須是零以外

$$\Sigma X = 0$$
$$\Sigma Y = 0$$
$$\Sigma M = 0$$

以某點為中心旋轉的力矩總和也必須是零，才會維持平衡。

物體的平衡條件

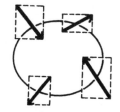

x方向力的總和＝0

y方向力的總和＝0

力矩總和＝0

首先將所有力分解為x、y方向，為了維持平衡，x、y方向力的總和均須為零，但就算如此，物體還是可能旋轉。因此，以任意點為中心旋轉的力矩總和也必須為零。Σ（sigma）原本是希臘文字中的S，也就是Sum（總和）的S，因此Σ就成了表示總和的符號。

力偶的大小 ＝1kg×5cm
　　　　　＝5kg•cm

5cm

1kg

1kg

旋轉中心的力矩總和　　　＝
1kg×5cm＝5kg•cm

扭

喇

我們在學校轉水龍頭的時候，我教過你吧？

力偶的算法。

因為這兩個力大小相同且方向相反，

以向量加法來說，它的總和就是零！

抵消

但因為作用線有所偏移，所以才會產生旋轉作用。

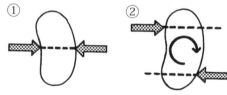

① ②

力偶的形成條件

①作用線重疊，維持平衡。
②作用線平行，造成旋轉。

就維持平衡條件的情況來說，就算x、y方向的力總和為零，也就是說Σx＝0、Σy＝0，條件仍然不夠充分。其原因就出自於「力偶」。

力偶的計算方式有二，其一為在任意點上求兩力造成之力矩總和，也可以用（一力大小）×（兩力間隔）來計算，結果相同。

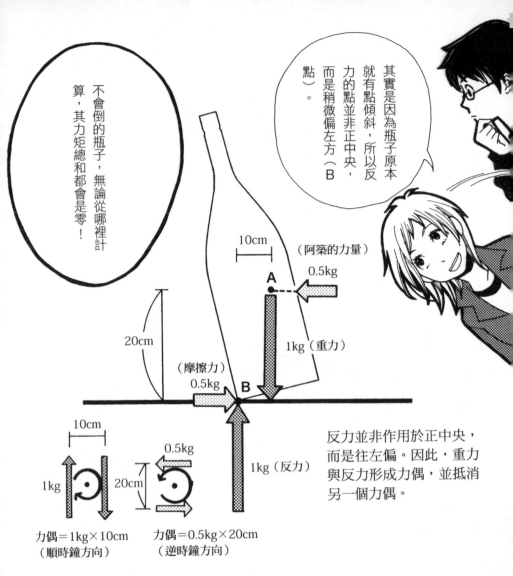

① 以A點為中心旋轉的力矩： $1\text{kg}\times10\text{cm}$ － $0.5\text{kg}\times20\text{cm}$ ＝0
（反力之力矩）　　　（摩擦力之力矩）

② 以B點為中心旋轉的力矩： $1\text{kg}\times10\text{cm}$ － $0.5\text{kg}\times20\text{cm}$ ＝0
（重力之力矩）　　　（阿築力量之力矩）

③ 以力偶來計算： $1\text{kg}\times10\text{cm}$ － $0.5\text{kg}\times20\text{cm}$ ＝0
（y方向形成的力偶）　（x方向形成的力偶）

無論用哪一種方式來計算，只要力矩總和＝0就OK

力偶總和＝0也OK

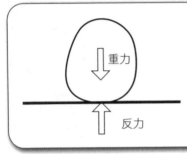

只要重力與反力維持平衡，物
體就不會落下。

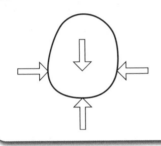

物體保持靜止，就表示作用於
物體的力維持平衡狀態。

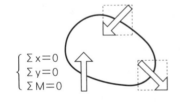

$\begin{cases} \Sigma x=0 \\ \Sigma y=0 \\ \Sigma M=0 \end{cases}$

維持平衡的條件
①x方向的力總和＝0
②y方向的力總和＝0
③以任意點為中心旋轉的力矩總和＝0

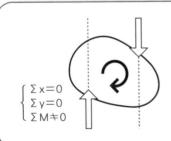

$\begin{cases} \Sigma x=0 \\ \Sigma y=0 \\ \Sigma M \neq 0 \end{cases}$

若缺乏ΣM＝0的條件，就會
形成力偶，使物體旋轉。

88

難不成妳想讓它飛起來？

阿晃，你來扶這邊。

？

這主意不錯…

呼呼呼呼

哼

這叫「集中載重」。

好可怕…

叩

咻

老爸

阿晃

集中於一點的重量

顧名思義，「集中載重」指的就是集中
於一點的重量。例如在橫梁上放置重型
機械，或在地板上放置水槽，就可以稱
為集中載重。這是結構力學中最簡單的
載重形式，也是最先出現在練習題中的
載重。知道載重之後，就可以求出反
力，若無法知道載重，當然也不能知道
反力的大小。

集中載重

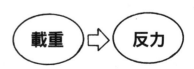

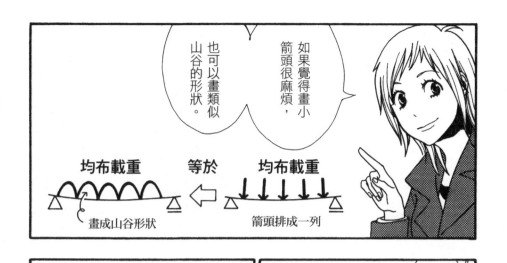

如果覺得畫小箭頭很麻煩，也可以畫類似山谷的形狀。

均布載重　等於　均布載重

畫成山谷形狀　　箭頭排成一列

就像這樣

力氣真大……

有時候只會有一部分出現均布載重的情形。

也有可能同時出現集中載重與均布載重的情形。

喂咿咿～

用力～★

喂咿

壓

哦

裂……

94

均布載重與線性分布載重

因為梁、地板本身的重量、外圍及厚度通常都是固定的，因此均布載重多見於建築物。若一公尺橫梁平均有1t的重量，則其均布載重為1t／m。

水槽中，愈深的部分水壓愈高，因此側面的載重會以相同比例增加，也就是「線性分布載重」。此外，由於底部的水壓是固定的，因此底部會呈現均布載重的狀態。

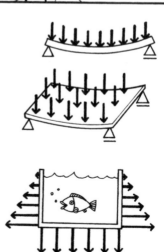

各種力矩載重

以一點為中心轉動的載重稱為「力矩載重」，右圖將變形方式描繪得稍微誇張一點，這樣大家更容易了解。

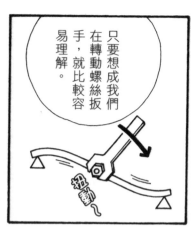

只要想成我們在轉動螺絲扳手，就比較容易理解。

扭動～

哇！

砰

彈—

你偶而也會動腦嘛！

你說啥!?

揍—

噗…真遜

好一個上鉤拳。

你不是拳擊手嗎？竟然沒閃躲

阿哈哈哈哈

不能靠近這對父女…

就沒一句關心的話嗎!?

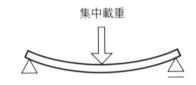

集中於一點的載重。

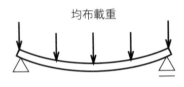

各等分長度承受相同大小的載重。

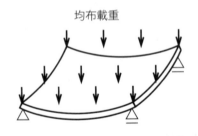

各等分面積承受相同大小的載重。

以一點為中心轉動的載重。

耶！

這裡
這裡

阿晃

妳還是一樣
沒禮貌啊—

啊哈哈

阿晃，把
那邊的窗
戶打開。

真是百花叢裡的
年終聚餐啊☆

你好啊～

這扇窗是
用推的…

嗨—

這裡是支承，支撐的點！

就是支撐結構物的地方。

嗯？

啊，又要開始了⋯

年終聚餐也要講結構力學嗎？

我的老天

阿晃，喝酒來囉─

沮喪⋯

就是那個roller還是pin嗎？

還有那個fix啊

啥，那麼有興趣!?

支承就只有這三種哦！

可以旋轉也可以水平移動

roller
（滾支承）

符號

pin
hinge
（鉸支承）

只會旋轉

符號

fix
（固定支承）

符號

準沒錯

阿晃你來這裡之前滑倒了吧?

我…我才沒那麼糗哩!

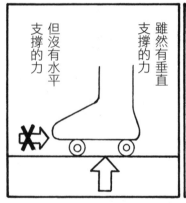

雖然有垂直支撐的力

但沒有水平支撐的力

不管我們是在冰上行走還是穿溜冰鞋,都不會自地面接收到水平方向的力,

所以才會滑倒。

哇—

你幹嘛要拿我來與這種丟臉的例子啊

別一直瞪她的話嘛……友子好過份哦

這個支撐的力就算反力吧?

對啊,因為是反抗的力,所以是反力。

就像人家說的「用力推門簾」啊!

飄～

哎呀呀

哈哈哈哈哈哈哈哈

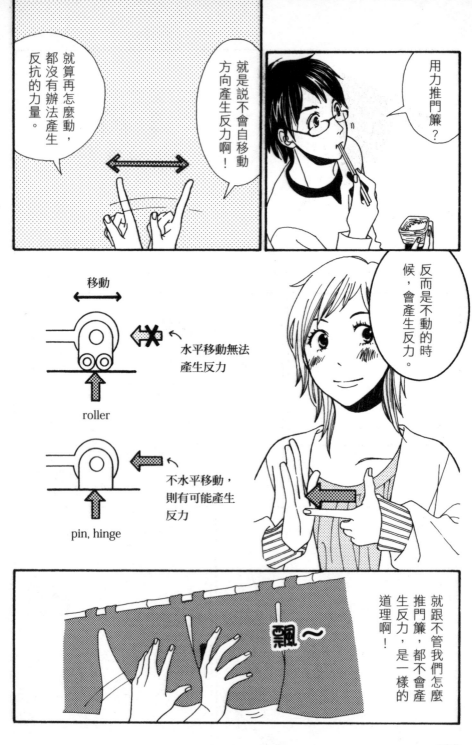

108

雖然門簾動了，但不會產生反力…

噗啊

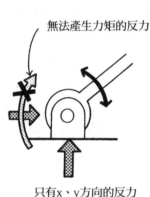

無法產生力矩的反力

只有x、y方向的反力

例如旋轉支承，也不會產生力矩的反力。

我的頭開始痛了。

那麼弱？

又開始痛了？

禁聲

那個往外推的窗子也是hinge哦。

嗯嗯，雪飄進來了啦

不要再講力矩和反力了啦，今天不是年終聚餐嗎？

咿？啤酒沒有了⋯⋯

噗

啪啪啪啪～♪

讓它保持水平。

阿晃，你握住那個空瓶的頭

你要讓我表演才藝嗎？

阿晃表演嘛—

啊哈哈，阿晃，你好討厭

妳們這樣講，我真的要表演囉～♥

轉

啊哈哈

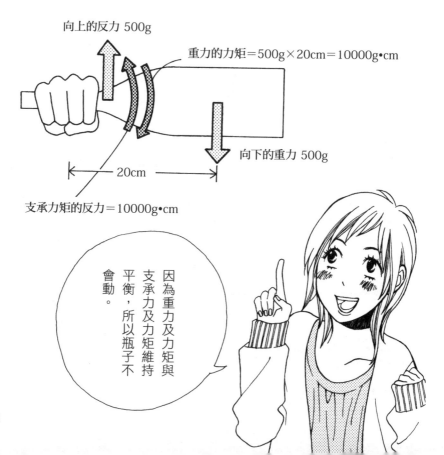

三種支承

支撐物體的點分為以下三種。

① 滾支承（roller）

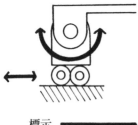

標示

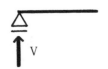

由於可以橫向滑動和旋轉，因此不會產生橫向與力矩的反力。

只有垂直方向的反力。

② 鉸支承（pin,hinge）

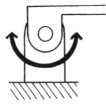

標示

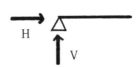

由於會旋轉，因此不會產生力矩的反力。

形成水平方向及垂直方向的反力。

③ 固定支承（fix）

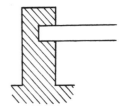

標示

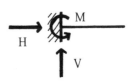

不會滑動也不會旋轉，是完全固定的支承。

形成力矩、水平方向及垂直方向的反力。

114

兩種節點

零件與零件之間的接點，像是構造物的關節，因此稱為節點。

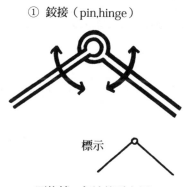

① 鉸接（pin,hinge）

標示

可旋轉＝無法傳遞力矩

② 剛接

標示

不可旋轉＝可傳遞力矩

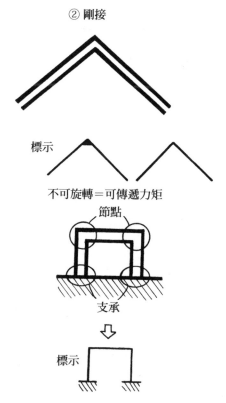

節點

支承

標示

節點分為可旋轉或不可旋轉兩種。只要記得「支承是支撐的點」、「節點是關節的點」，就不會搞混。就力量無法傳導至移動方向這點來說，支承與節點道理相同。鉸接節點會旋轉，因此可以旋轉的節點＝無法傳遞的力矩。

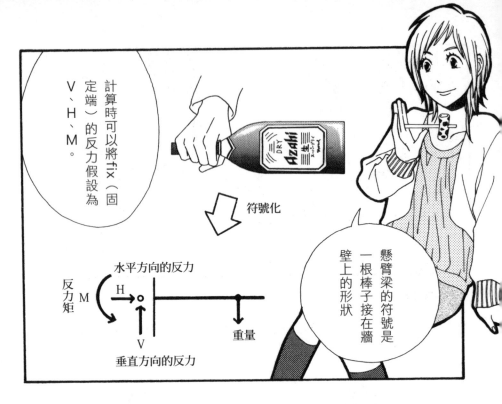

懸臂梁的反力

懸臂梁可以樹枝來比喻，從樹幹伸出的樹枝，僅靠樹幹在支撐。

樹幹承受了樹枝由下而上垂直方向的反力，使之不會落下；以及使樹枝力矩不會旋轉的反力。

也就是水平方向的反力H（Horizontal）、垂直方向的反力V（Vertical）以及力矩的反力M（Moment）。

當x方向維持平衡（$\Sigma x=0$）；y方向維持平衡（$\Sigma y=0$），力矩也維持平衡（$\Sigma M=0$）時，算式如右。我們可從這個平衡的算式中求出每個反力。一般來說，x方向愈往右，正值愈大；y方向愈往上，正值愈大。力矩的數值則可依順時鐘或逆時鐘來排列。

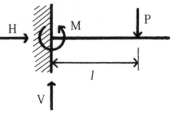

$\Sigma x=0 : H=0$ ⋯①

$\Sigma y=0 : V-P=0$ ⋯②

$\Sigma M=0 : M-Pl=0$ ⋯③

① 得知 $H=0$

② 得知 $V=P$

③ 得知 $M=Pl$

因為只握住一邊吧。

這也是懸臂梁

就像是將棒子固定在水泥裡哦。

嗶酒怎麼還沒來⋯

就是把棒子固定起來嘛

懸臂梁

那簡支梁是什麼？

就是這個！

黑板與竹輪

發光!!

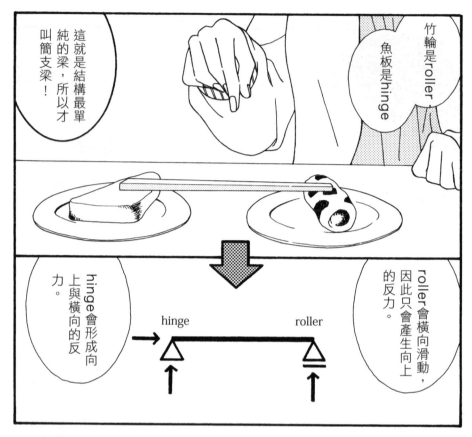

簡支梁的反力

A點是鉸支承（hinge），因此會產生水平及垂直兩向的反力，我們假設它為H_A、V_A。B點是滾支承（roller），因此不會產生水平的反力，只會產生垂直的反力。將其假設為V_B。若我們從A點來求x方向、y方向力矩（M_A）的平衡狀況，算式就會如右方所示。而我們可以進一步求出H_A、V_A、V_B。力矩的平衡不管是從A點或C點去求，結果都相同。

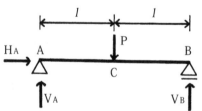

$$\Sigma x = 0 : H_A = 0 \qquad \cdots ①$$
$$\Sigma y = 0 : V_A + V_B - P = 0 \quad \cdots ②$$
$$\Sigma M_A = 0 : Pl - V_B \cdot 2l = 0 \quad \cdots ③$$

根據① $H_A = 0$

根據③ 算式 $V_B = \dfrac{1}{2} P$

將上述算式代入② $V_A = \dfrac{1}{2} P$

支承就是支撐的點

① 滾支承（roller）　② 鉸支承（pin, hinge）　③ 固定支承（fix）

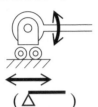 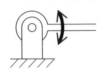 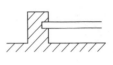

$(\underset{\triangle}{\underline{}})$　$(\underset{\triangle}{})$　(┤)

節點就是關節的點

① 鉸接（pin, hinge）　　　　② 剛接

$(\bigwedge_{\circ})$　　　$(\blacktriangle)$

會移動的方向不會產生反力，不動則會產生反力。

↑ V　水平方向　　↑ V　水平方向　　↑ V　旋轉方向
　　沒有反力　　　　　有反力　　　　　有反力

由於必須維持平衡，所以可藉此求反力。

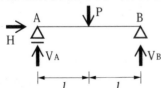 

$\Sigma x = 0 : H_A = 0$

$\Sigma y = 0 : V_A + V_B - P = 0$

$\Sigma M_A = 0 : Pl - V_B \cdot 2l = 0$

嗚哇——我的宿醉愈來愈嚴重了。

打嗝

把五顆方糖當作一個物體，

壓力就是從外部施加的力。

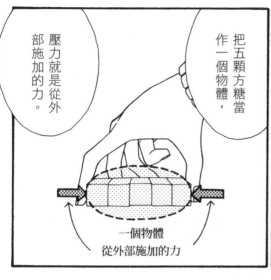

一個物體
從外部施加的力

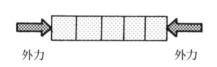

外力　　　　　外力

因為是從外部施加的力，所以叫「外力」。

力一定都是從外部施加的嘛！

哈哈

那我問你

你覺得沒有對正中間的方糖產生作用的方力嗎？

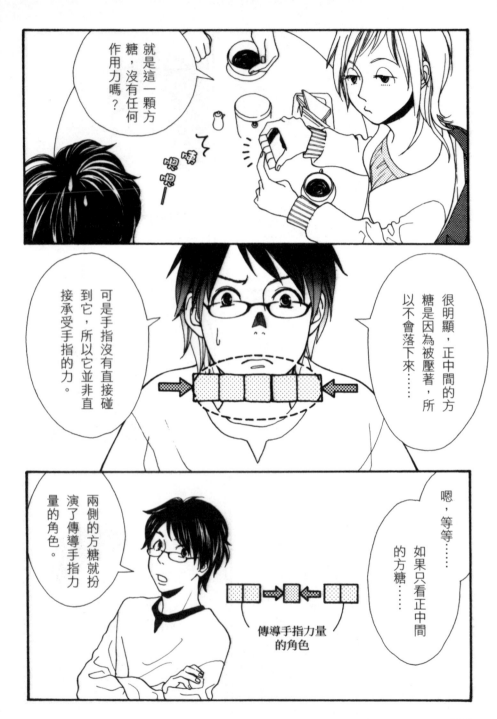

就是這一顆方糖，沒有任何作用力嗎？

咦咦——

可是手指沒有直接碰到它，所以它並非直接承受手指的力。

很明顯，正中間的方糖是因為被壓著，所以不會落下來……

嗯，等等……如果只看正中間的方糖……

兩側的方糖就扮演了傳導手指力量的角色。

傳導手指力量的角色

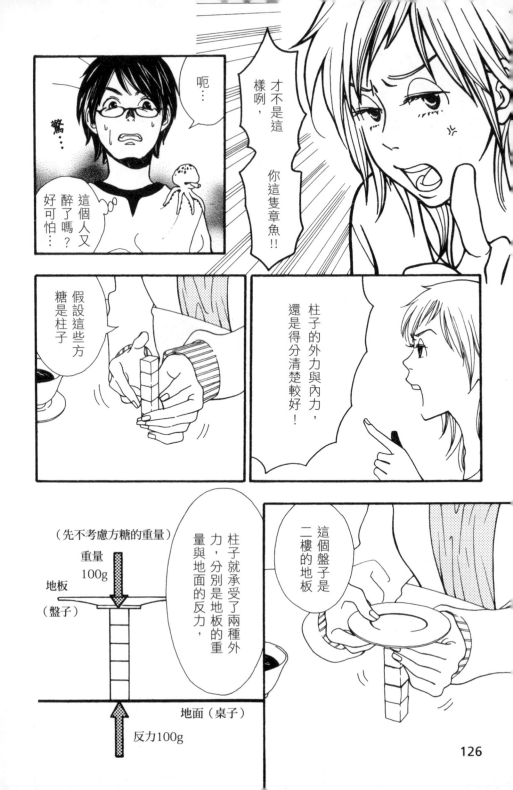

呃…

驚…

這個人又醉了嗎？好可怕…

才不是這樣咧，你這隻章魚!!

假設這些方糖是柱子

柱子的外力與內力，還是得分清楚較好！

柱子就承受了兩種外力，分別是地板的重量與地面的反力，

這個盤子是二樓的地板

（先不考慮方糖的重量）

重量100g

地板（盤子）

地面（桌子）

反力100g

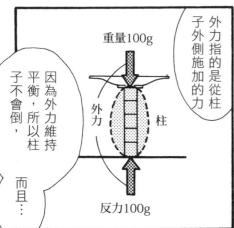

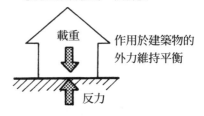

重量100g

外力

柱

反力100g

外力與內力

所謂「外力」,指從物體外側施加的力;而內力,則指受外力影響,於物體內部形成的力。

因此,「物體」的定義改變,其外力與內力也會跟著不同。

如果我們將整個建築物視為討論的物體,那麼外力就是重力等載重及支撐地面的反力。若我們將柱子視為討論的物體,那麼它的外力就是自上方及下方施加的力。

①將建築物視為一個物體

載重

反力

作用於建築物的外力維持平衡

②將柱子視為一個物體

柱

作用於柱子的外力需維持平衡

別忘了，受到外力影響，柱子內部也會形成作用力，就是內力。

而在一定單位面積上的內力，則稱為應力。

內力
擠壓方糖的力

100g

100g

內力

方糖柱有自上方及下方施加的外力，由於兩力維持平衡狀態，因此柱子不會倒。

如果只看正中央的方糖，方糖上方及下方亦有作用力，這是傳導於柱子內部的力，稱為內力。

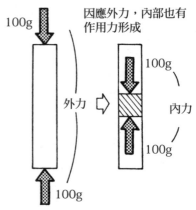

100g

外力

因應外力，內部也有作用力形成

100g

內力

100g

128

那這個方糖也有作用力囉？

不管是柱子的哪個部分，都承受了作用力，

而且視情況不同，外部作用力可能就會變成內力。

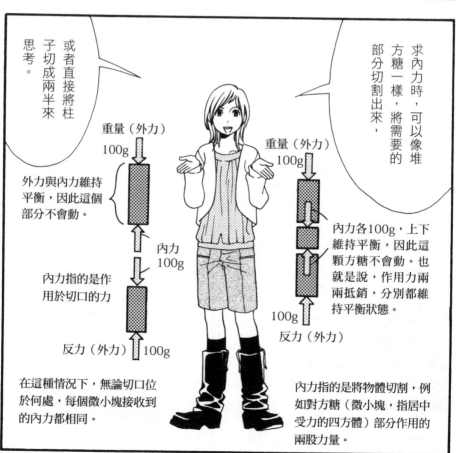

求內力時，可以像堆方糖一樣，將需要的部分切割出來，

或者直接將柱子切成兩半來思考。

重量（外力）
100g

外力與內力維持平衡，因此這個部分不會動。

內力
100g

內力指的是作用於切口的力

反力（外力）100g

在這種情況下，無論切口位於何處，每個微小塊接收到的內力都相同。

重量（外力）
100g

內力各100g，上下維持平衡，因此這顆方糖不會動。也就是說，作用力兩兩抵銷，分別都維持平衡狀態。

100g

反力（外力）

內力指的是將物體切割，例如對方糖（微小塊，指居中受力的四方體）部分作用的兩股力量。

129

而且因為這些成對的作用力維持平衡，所以微小塊不會動。

所以說，成對作用於柱子內部微小塊的力就是內力，

而且與柱子方向相同的應力還分成擠壓的壓應力，

除了柱子，橫梁、地板都是如此。
作用於物件軸向的力分別為壓力與拉力。

三明治

還有拉長的拉應力。

拉～

那是…我的三明治…

※軸向指與物體斷面垂直的方向。

130

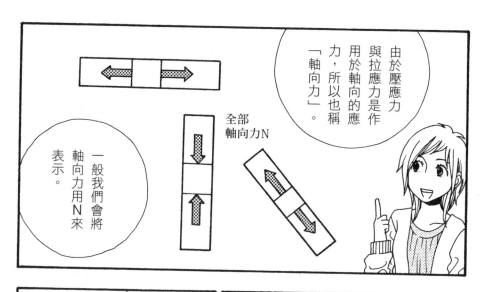

由於壓應力與拉應力是作用於軸向的應力，所以也稱「軸向力」。

一般我們會將軸向力用N來表示。

全部軸向力N

三明治可以這樣又壓又拉的，柱子也可以嗎？

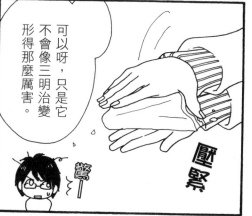

可以呀，只是它不會像三明治變形得那麼厲害。

壓緊

驚

應力也有可能讓結構產生變形哦──

啊。

噴～

呃──我的…

內力的構成

讓我們研究一下自兩側各施加100g外力的情況（①）。首先，先將微小塊A部分切割出來（②）。

A左側的物體，自左方承受100g的壓力，因此也會自右方（A）承受100g的壓力。微小塊右方的物體亦是如此，自右方、左方各承受100g的壓力（③），因此得以平衡。

微小塊A對左側施加100g的壓力，左側亦會回以100g的壓力（作用與反作用）。同樣地，右側亦會對微小塊A施加100g的壓力。就結果來說，微小塊A即承受了左右兩方各100g的壓力，這就是壓應力。

如圖④所示，我們只要想，微小塊A左右的物體各傳導了100g的外力，這樣就很容易了解。

①施以外力

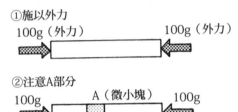

②注意A部分

③分析出各部分的力

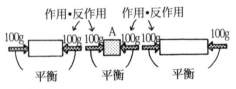

④將A兩側視為傳遞作用力的物體

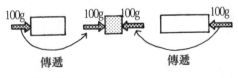

內力＝平衡的力

自外側施加外力時，
內部會形成內力。

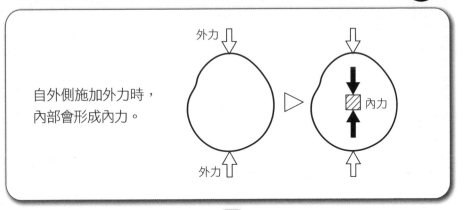

對物體內部自由體（指
微小塊兩側的部位）形
成的力就是內力。

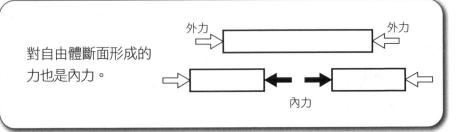

對自由體斷面形成的
力也是內力。

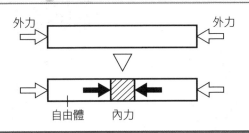

在軸向作用的內力分
為壓力與拉力。

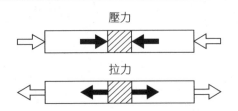

懸臂梁的反力

一邊是固定端（fix），另一邊自由端，稱為懸臂梁。

以樹枝來說，由於樹幹這一邊不會上下移動和旋轉，所以是固定端。我們可以利用各方向力的平衡來求固定端的反力。

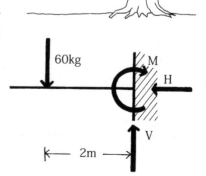

$$\Sigma x=0 : -H=0 \qquad \therefore H=0$$
$$\Sigma y=0 : V-60=0 \qquad \therefore V=60(kg)$$
$$\Sigma M=0 : M-60 \cdot 2=0 \qquad \therefore M=120(kg \cdot m)$$

力矩的反力

以10kg的懸臂梁為主體來思考（①）。首先，必須要有向上的10kg反力，梁才不會落下（②）。

而10kg的重量會形成力矩。以支承為中心，力矩為10kg×0.8m=8kg•m（③）。

為了不讓梁旋轉，必須形成另一反力來對抗支承的8kg•m力矩，因此其反力亦為8kg•m（④）。

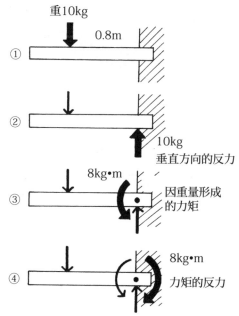

重10kg

① 0.8m

② 10kg 垂直方向的反力

③ 8kg•m 因重量形成的力矩

④ 8kg•m 力矩的反力

141

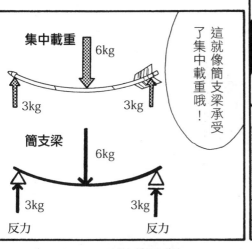

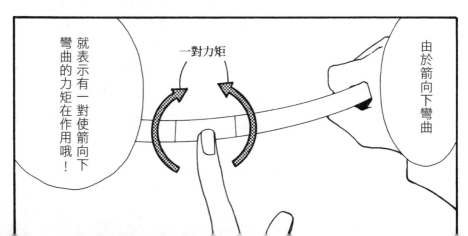

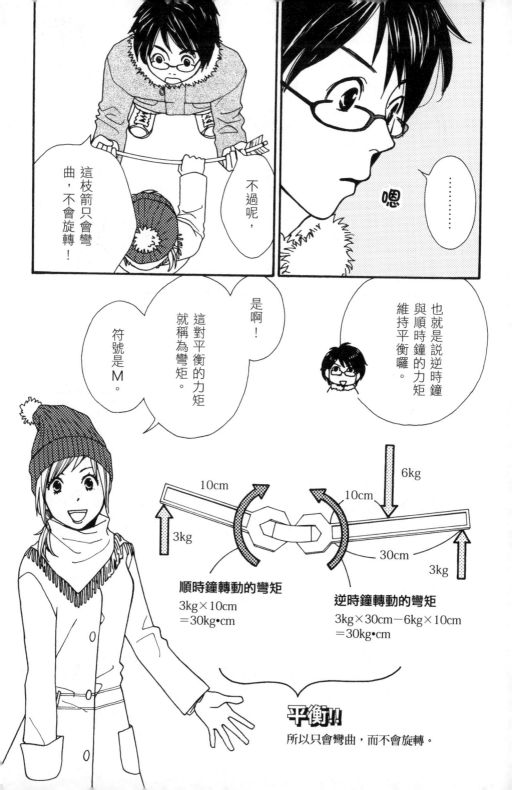

這枝箭只會彎曲，不會旋轉！

不過呢，

……

嗯

也就是說逆時鐘與順時鐘的力矩維持平衡囉。

是啊！

這對平衡的力矩就稱為彎矩。

符號是M。

6kg

10cm

10cm

3kg

30cm

3kg

順時鐘轉動的彎矩

3kg×10cm
＝30kg•cm

逆時鐘轉動的彎矩

3kg×30cm－6kg×10cm
＝30kg•cm

平衡!!!

所以只會彎曲，而不會旋轉。

也就是說兩側的力矩維持平衡囉！

因為維持平衡，所以不會旋轉，但會彎曲，就像這枝驅魔箭一樣。

嗯。

我終於有台詞了

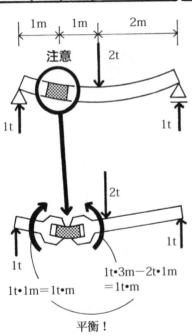

1m 1m 2m

注意

2t

1t 1t

2t

1t 1t

$1t \cdot 1m = 1t \cdot m$

$1t \cdot 3m - 2t \cdot 1m = 1t \cdot m$

平衡！

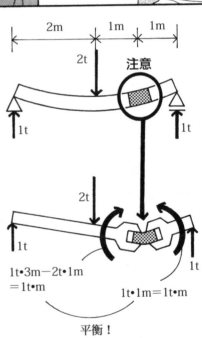

2m 1m 1m

2t

注意

1t 1t

2t

1t 1t

$1t \cdot 3m - 2t \cdot 1m = 1t \cdot m$

$1t \cdot 1m = 1t \cdot m$

平衡！

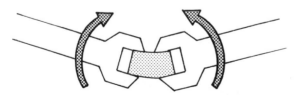

每個部分的力矩都維持平衡狀態。

左右平衡的一對力矩，稱為彎矩。

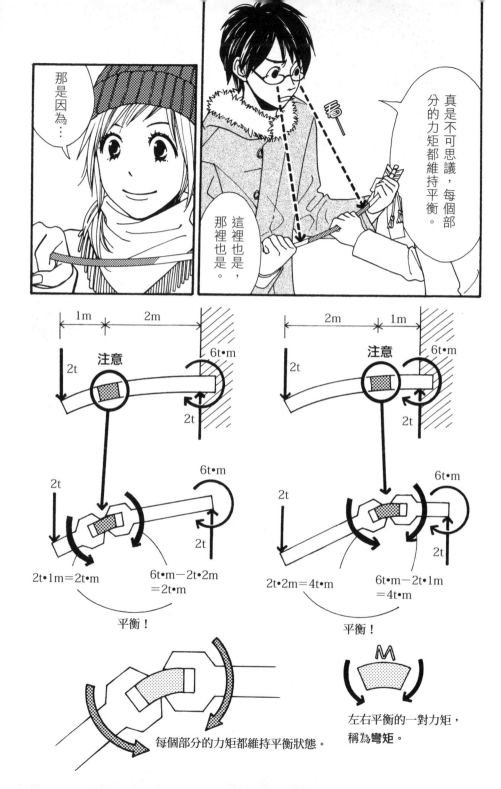

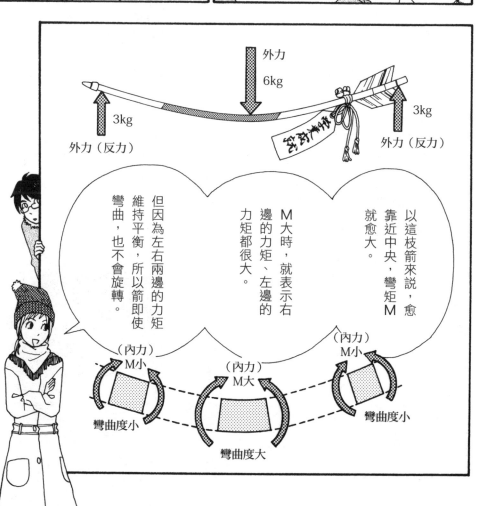

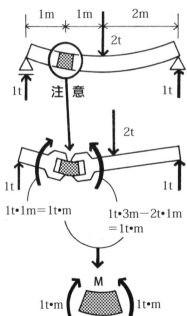

$1t \cdot 1m = 1t \cdot m$

$1t \cdot 3m - 2t \cdot 1m = 1t \cdot m$

位於微小塊兩側，一對平衡的彎矩

一對作用於微小塊，維持平衡的力矩，也稱為彎矩。

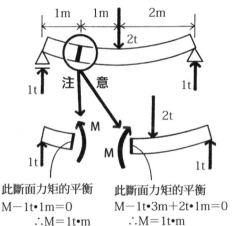

此斷面力矩的平衡
$M - 1t \cdot 1m = 0$
$\therefore M = 1t \cdot m$

此斷面力矩的平衡
$M - 1t \cdot 3m + 2t \cdot 1m = 0$
$\therefore M = 1t \cdot m$

斷面的彎矩

作用於斷面，使零件單邊維持平衡的力矩，稱為彎矩。

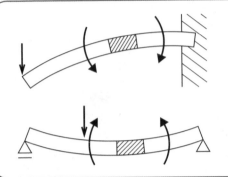

當桿件彎曲，每個部分都會跟著彎曲。

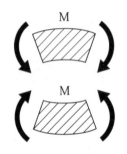

而使各部分彎曲，且維持平衡的一對力矩，稱為彎矩。

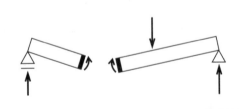

此外，作用於斷面的力矩也可以稱為彎矩。

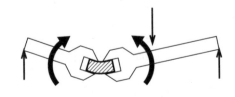

計算彎矩時，可以將微小塊兩側視為螺絲扳手，計算起來比較輕鬆。

154

結構力學！

天啊!?

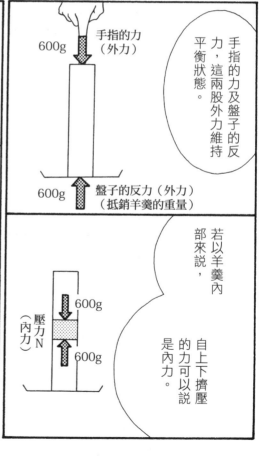

手指的力及盤子的反力，這兩股外力維持平衡狀態。

手指的力（外力）

600g

600g 盤子的反力（外力）（抵銷羊羹的重量）

若以羊羹內部來說，自上下擠壓的力可以說是內力。

壓力N（內力）

600g

600g

由於內部產生壓力，所以中間部分就會被壓縮。

一對擠壓的力

600g

被壓縮

600g

155

像這樣！

接著…

就會彎曲。

壓這裡的話，

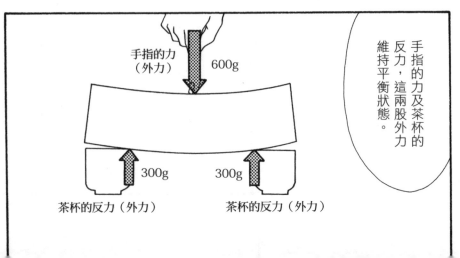

手指的力
（外力）

600g

手指的力及茶杯的反力，這兩股外力維持平衡狀態。

300g

300g

茶杯的反力（外力）

茶杯的反力（外力）

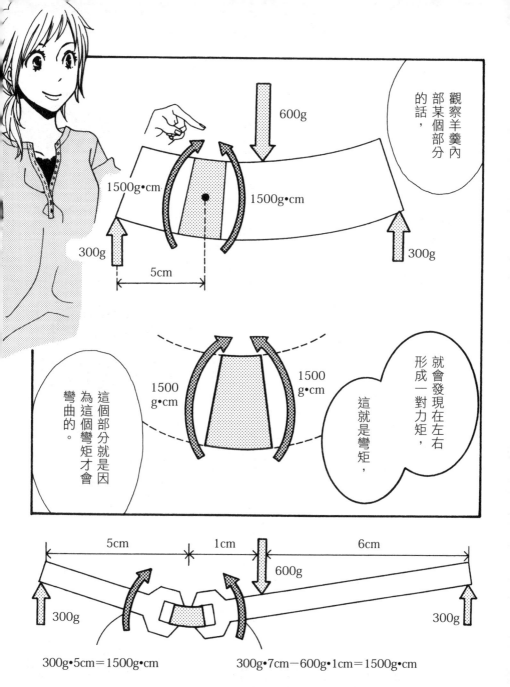

由於左右兩邊的力矩大小相同，因而維持平衡，因此無論是計算微小塊的左側還是右側，結果都是一樣的。既然大小相同，我們就可以用較輕鬆的方式計算。就上圖來說，計算左側外力較少的螺絲扳手會比較輕鬆。

伸—

我懂了
我懂了

別再說了……力還有彎矩了，妳就我已經知道什麼是壓

笑—

我還沒講完呢。

這時候的羊羹　並不是只有彎曲而已。

驚……

難皮疙瘩

咕咕　嘀嘀

這稱為「剪力」，符號寫成Q。

還有作用力會讓它某部分變成平行四邊形呢！

剪力Q

以相反方向拉扯左右的一對作用力，稱為剪力。

哦

那它就會被推到上面

300g

假設左邊只有向上的反力…

嗯嗯

想像中

300g

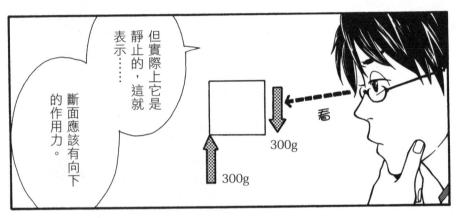

但實際上它是靜止的，這就表示……

斷面應該有向下的作用力。

看

300g

300g

這個！

沒錯！

斷面有300g向下的作用力，那就是剪力。

300g

300g

160

等等……

那是因為彎矩把力偶抵消囉。

啊，是嗎

為什麼它不會轉呢？

這不就是之前說的力偶嗎？

轉轉轉

轉轉轉

300g

300g

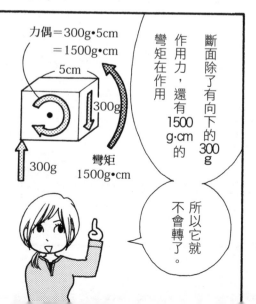

力偶＝300g•5cm
　　＝1500g•cm

彎矩
1500g•cm

300g

300g

斷面除了有向下的300g作用力，還有1500g•cm的彎矩在作用

所以它就不會轉了。

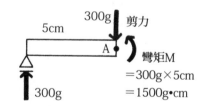

300g　剪力

5cm

A

彎矩M
＝300g×5cm
＝1500g•cm

300g

觀察以A點為中心的力矩平衡，如上圖所示。

5cm

300g

用螺絲扳手來思考，
也是300g×5cm＝1500g•cm

把羊羹的這個部分切割出來看。

就像我們在討論彎矩時切出來的微小塊,

兩側物體扮演著向微小塊傳遞力量的角色。

600g

300g　　300g

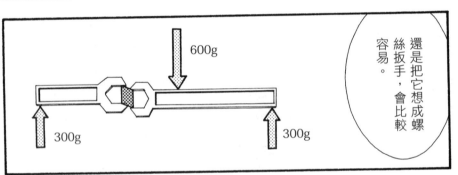

還是把它想成螺絲扳手,會比較容易。

600g

300g　　300g

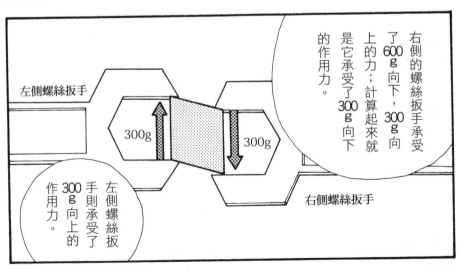

右側的螺絲扳手承受了600g向下,300g向上的力;計算起來就是它承受了300g向下的作用力。

左側螺絲扳手

300g　　300g

左側螺絲扳手則承受了300g向上的作用力。

右側螺絲扳手

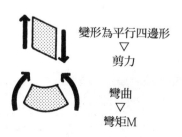

剪力Q

相對於切割部分的軸心來說，剪力是作用於垂直方向，使其變形為平行四邊形的內力。**剪力與彎矩M之間的不同點在，它會造成較大幅度的變形。**

變形為平行四邊形
▽
剪力

彎曲
▽
彎矩M

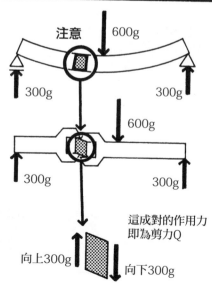

計算內力的步驟

先思考全體的平衡，以求出支承承受的反力（①）。

接著，想像物體的某個部分（微小塊或切割出來的斷面）。將微小塊的左右兩側想像成螺絲扳手，來計算微小塊承受的內力。藉著維持切割出來斷面的平衡，來推算作用於斷面的內力（②）。

微小塊兩側承受的內力，其Q、M一定都維持著平衡狀態（③）。否則微小塊就會移動。

＊為求容易了解，我們會想像把微小塊切割出來的樣子，但其實那就是切口長度為零的狀況。若是像微小塊一樣大，那麼物體就會因Q而形成力偶，為了抵消力偶，左右的M就必須相同。

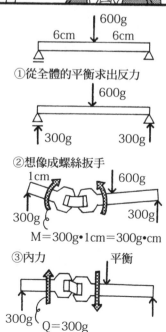

① 從全體的平衡求出反力

② 想像成螺絲扳手

$M = 300g \cdot 1cm = 300g \cdot cm$

③ 內力　平衡

$Q = 300g$

使各部分變形為平行四邊形的內力（應力）稱為剪力Q。

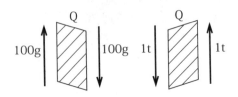

剪力Q與彎矩M不同，它會形成較大幅度的變形。

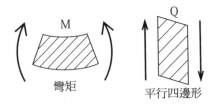

彎矩 平行四邊形

將微小塊切割出來，並將兩端視為螺絲扳手，即可計算出Q的大小。

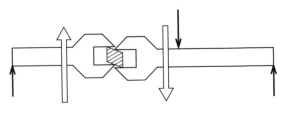

思考切割斷面的平衡，也可以求出Q。

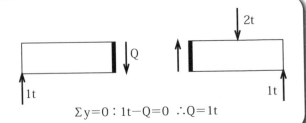

$$\Sigma y=0：1t-Q=0 \quad \therefore Q=1t$$

對了，你什麼時候考結構力學？

……………………

不要提到這個啊!!

嗚哇哇哇

好痛!

喂咿——

啪

就在月底，和畢業報告的截稿日一樣。

落淚…

友子，妳拿一下這把尺。

這樣嗎？

阿晃，這是什麼？

沒錯！那要怎麼畫呢？

就是懸臂梁吧。

什麼是什麼？

你竟然還記得耶！

「竟然」兩個字是多餘的！

一邊固定，一邊不受限制，所以就是這樣⋯⋯

沙沙⋯

為什麼是x？

如果知道x點的彎矩，那就可以馬上求出10cm、20cm的彎矩啊， 對不對？

10cm
20cm

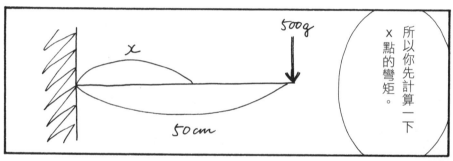

所以你先計算一下x點的彎矩。

500g

x

50cm

啥……怎麼算？

你可以把尺切開來，想像各部分的平衡情況。

但不要真的切開哦！

我當然知道

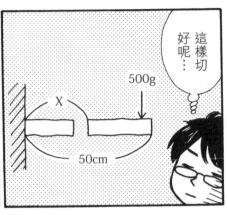

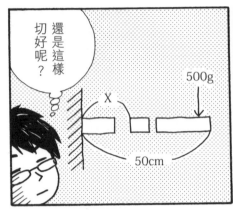

不愧是友子。

沒有啦

作用於斷面的力叫作應力吧？

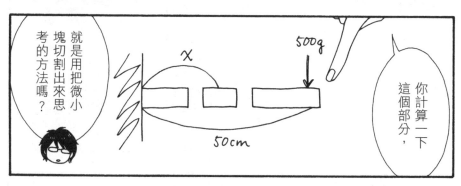

就是用把微小塊切割出來思考的方法嗎？

你計算一下這個部分，

500g

χ

50cm

那要思考什麼…

嗯……

先求出反力啊!!

你之前有沒有在聽啊!?

對了對了，要先求反力—

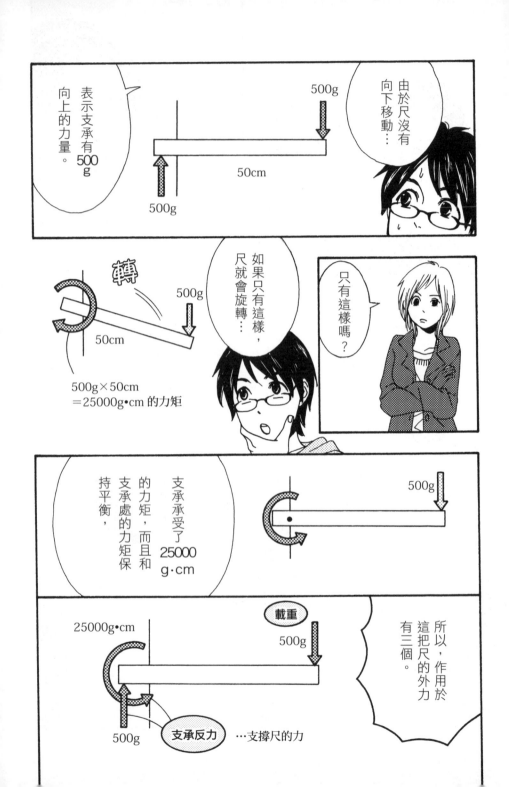

沒錯！

所以要先求出尺所有的外力。

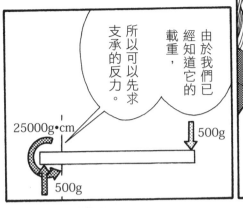

由於我們已經知道它的載重，所以可以先求支承的反力。

25000g•cm

500g

500g

如果把尺當作一個物體來看，載重和反力就是它的外力。

所以要先知道從外側施加的作用力，對吧？

友子，這個我知道啦。

可是其他我就不知道了…

呼

轉轉轉

轉轉轉

計算內力的步驟

首先，先求出自物體外側施加的作用力。若施加500g的載重，就可以假設反力如項目①所示。接著，我們再利用平衡的算式來求出反力的大小（②）。

計算內力時，必須先找出所有外力。

找出外力 ➡ 求出內力

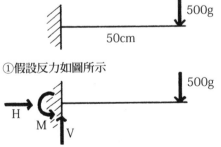

500g

50cm

①假設反力如圖所示

500g

H

M

V

②平衡算式

$\Sigma x=0：H-0=0 \quad \therefore H=0$

$\Sigma y=0：V-500g=0 \quad \therefore V=500g$

$\Sigma M=0：M-500g•50cm=0$

$\therefore M=25000g•cm$

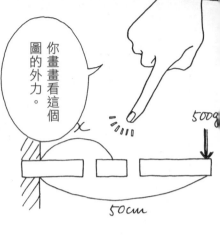

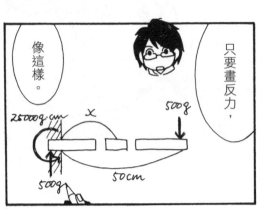

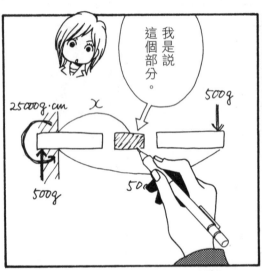

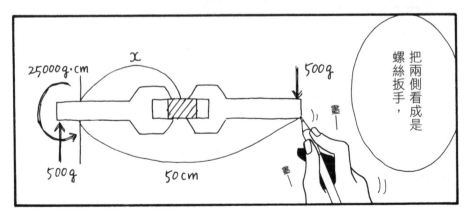

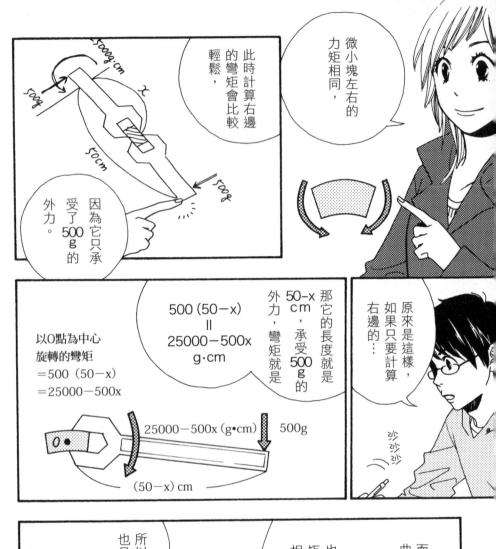
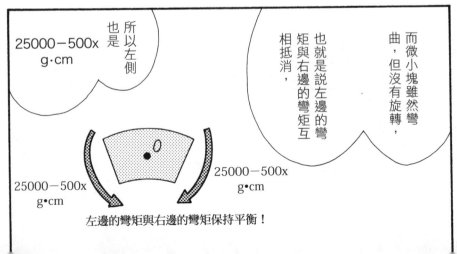

根據微小塊左側螺絲扳手的計算

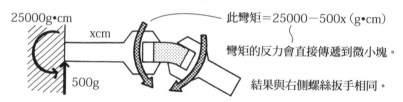

此彎矩＝25000－500x（g•cm）

彎矩的反力會直接傳遞到微小塊。

結果與右側螺絲扳手相同。

根據切割後右側部分的計算

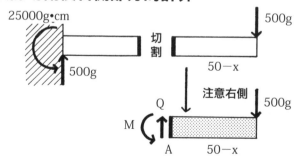

右段自由體的力矩平衡：M－500（50－x）＝0

$$\therefore M=25000-500x（g•cm）$$

像這樣切割，我們就可以自斷面的M出發，由右側的平衡情況來推算其值。

$x=0$（支承的位置）：$M = 25000 - 500 \times \underline{0}$
$\qquad\qquad\qquad\qquad\qquad = 25000 \text{ g} \cdot \text{cm}$

$x=500$（梁的自由端）：$M = 25000 - 500 \times \underline{500}$
$\qquad\qquad\qquad\qquad\qquad = 0 \text{ g} \cdot \text{cm}$

$x=0\text{cm}$的點
$M = 25000 \text{ g} \cdot \text{cm}$

$x=500\text{cm}$的點
$M = 0 \text{ g} \cdot \text{cm}$

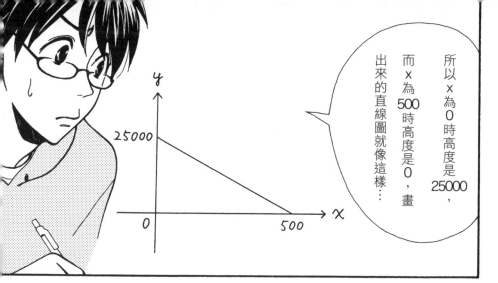

所以 x 為 0 時高度是 25000，而 x 為 500 時高度是 0，畫出來的直線圖就像這樣�⋯

彎矩圖的確是這樣畫沒錯。

阿晃，你好厲害！

馬上就得意忘形了⋯

沒有啦，哪有─

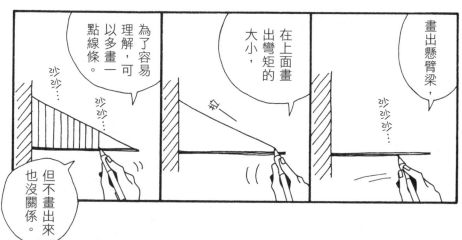

畫出懸臂梁，

在上面畫出彎矩的大小，

為了容易理解，可以多畫一點線條。

但不畫出來也沒關係。

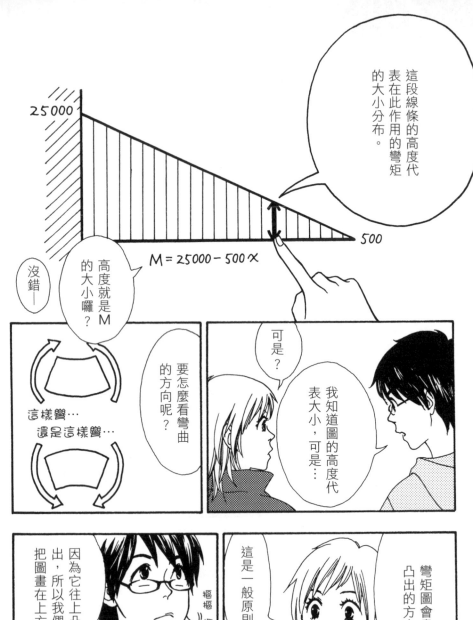

這段線條的高度代表在此作用的彎矩的大小分布。

$$M = 25000 - 500\,x$$

25000

500

高度就是M的大小囉？

沒錯——

要怎麼看彎曲的方向呢？

這樣彎…

還是這樣彎…

可是？

我知道圖的高度代表大小，可是…

彎矩圖會畫在凸出的方向，

這是一般原則。

因為它往上凸出，所以我們就把圖畫在上方，

往上凸出

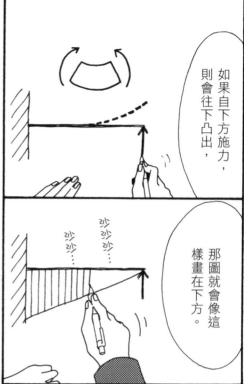

彎矩圖的繪製方法

| M＝25000－500x的圖 |

⬇

| 直接畫在梁上 |

⬇

| 每個位置的高度
是代表M的大小 |

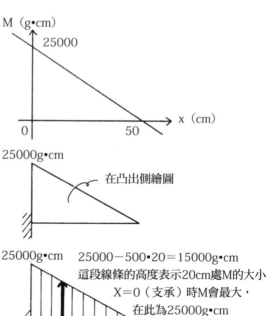

M（g•cm）

25000

x（cm）

0　　　　　　50

25000g•cm

在凸出側繪圖

25000g•cm

25000－500•20＝15000g•cm
這段線條的高度表示20cm處M的大小
X＝0（支承）時M會最大，
在此為25000g•cm

20cm

183

⑤ 將3t載重右側（x≧2）部分視為
自由體。以右側螺絲扳手來計算
時，會比較輕鬆。

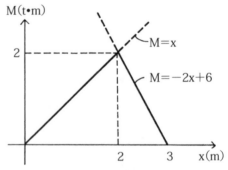

⑥ $\begin{cases} x \leqq 2 : M = x \\ x \geqq 2 : M = -2x + 6 \end{cases}$

繪製縱軸為M、橫軸為x的圖表。

⑦ 直接在梁上繪製時，將凸出部分
視為正值。為了易於辨識，可以
在圖上繪製幾條縱線。最好能畫
出最大的M值。

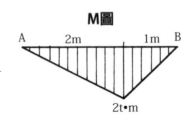

184

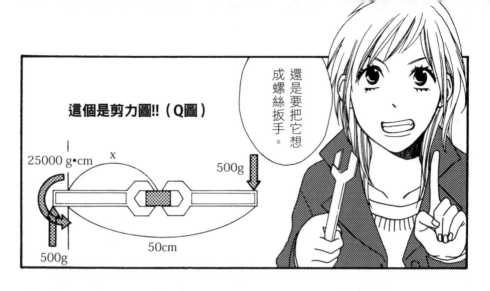

這個是剪力圖!!（Q圖）

25000 g•cm　x

500g

50cm

500g

還是要把它想成螺絲扳手。

簡支梁的彎矩圖（M圖）

① 首先，把所有外力找出來。在此，外力有載重3t以及支承A、B的反力。

② 由平衡式來求出反力。

$$\begin{cases} \Sigma x=0：H_A-0=0 & \therefore H_A=0 \\ \Sigma y=0：V_A+V_B-3=0 & \cdots① \\ \underline{\Sigma M_A=0}：V_B\cdot3-3\cdot2=0 & \therefore V_B=2\,(t) \cdots② \end{cases}$$

將②代入① $V_A=1\,(t)$

以A點為中心的
力矩總和為0

③ 思考距A點x長度的C點的彎矩。

④ 將3t載重左側（x≦2）部分視為自由體。以左側螺絲扳手來計算時，會與右側求出相同的結果才是。

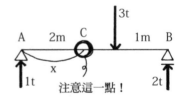

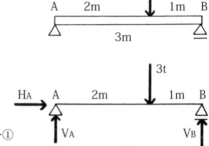

A　2m　C　　1m　B

x

1t　注意這一點！　2t

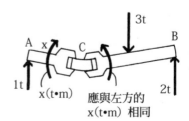

3t

A　x　　C　　　B

1t　x(t•m)　2t

應與左方的
x(t•m)相同

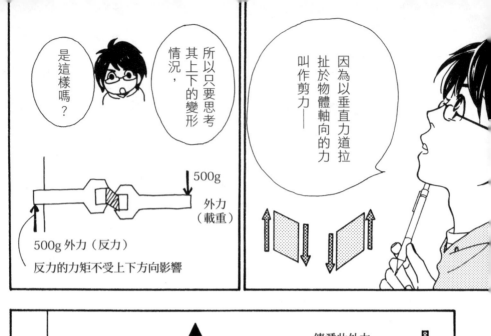
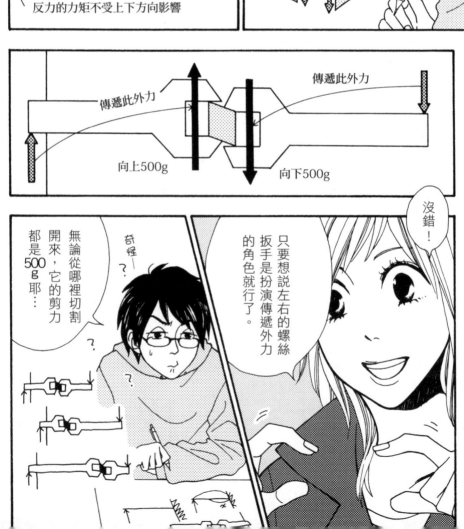

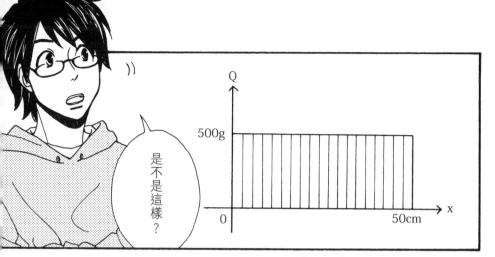

剪力（Q）的方向

雖然我們可以把 ⊡↓ 這個符號當做是「順時鐘方向」，藉此來記住它是正值，但事實上這樣並不正確。我們是為了容易理解，而將符號繪製成微小塊，但剪力是在沒有長度之處交錯的力，若有長度Q就會變成力偶，為了抑制力偶的旋轉，右側及左側的M也會跟著改變大小。M值的差異其實與因Q而形成的力偶是一致的。在這裡，為了簡單明瞭，才使用微小塊與螺絲扳手來加以說明。

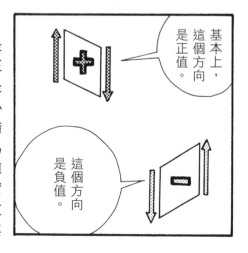

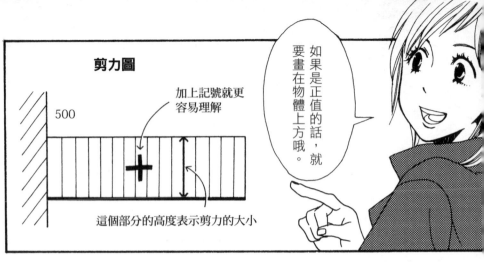

500

加上記號就更
容易理解

這個部分的高度表示剪力的大小

如果是正值的話，就要畫在物體上方哦。

⑤ 將5t載重右側（x≧2）的部分視
　為自由體。由於 ⎫⎩ 這個方向是負
　值的剪力，因此我們可以得知其
　值為2t。

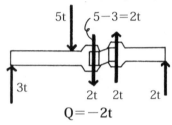

5t　　5−3＝2t

3t

2t　2t　　2t

$Q＝−2t$

⑥ $\begin{cases} x≦2：Q＝3 \\ x≧2：Q＝−2 \end{cases}$

　繪製縱軸為Q、橫軸為x的圖。

⑦ 直接在梁上繪製時，將正值畫在
　上方，負值畫在下方，並加上
　＋、－的記號。另外最好可以繪
　製縱線，表示出Q的最大值及最
　小值。

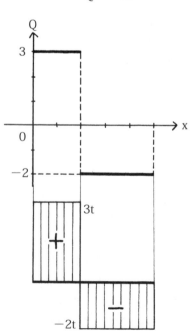

簡支梁的剪力圖（Q圖）

① 首先，把所有外力找出來。在此，外力有載重5t以及支承A、B的反力。

② 由平衡式來求出反力。

$$\begin{cases} \Sigma x=0：H_A-0=0 & \therefore H_A=0 \\ \Sigma y=0：V_A+V_B-5=0 & \cdots① \\ \underline{\Sigma M_A=0}：V_B \cdot 5-5 \cdot 2=0 & \therefore V_B=2\,(t)\cdots② \end{cases}$$

$$將②代入①V_A=3\,(t)$$

↑
以A點為中心的
力矩總和為0

③ 思考距A點x長的C點的剪力。

④ 將5t載重左側（x≦2）的部分視為自由體。由於⇃⇂這個方向是正值的剪力，因此我們可以得知其值為3t。

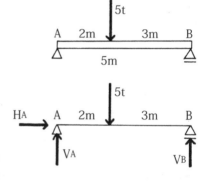

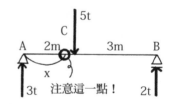

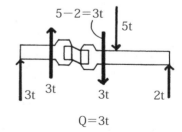

Q＝3t

了解了嗎?

大致來説,就是先將所有外力找出來,再切割出微小塊,並假想兩側為螺絲扳手。

當扳手傳遞外力,內部就會產生應力。

① 自平衡情況來求出**反力**,並畫出所有作用於外的**外力**。

② 將**微小塊**切割出來,並假想兩側為**螺絲扳手**。

③ 螺絲扳手傳遞外力,對微小塊施力。其力稱為**內力**。

搶眼 築那磨 只有阿 真奸詐

④ 畫M圖時要畫在凸起的部分,而Q圖則是將↓|畫成+,將|↓畫成—,**而+在上—在下**。

⑤ M

以x值為橫軸,M值或Q值為縱軸繪製成圖。

⑥ 在x的部分以x方程式求出**內力M、Q**。將變形畫得稍微誇張一些,更容易理解。

190

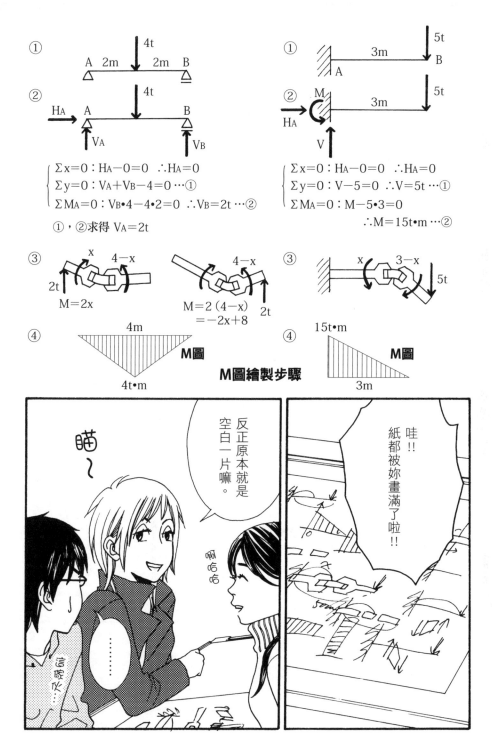

① A 2m 4t 2m B

② H_A → A 4t B V_B V_A

$$
\begin{cases}
\Sigma x=0 : H_A-0=0 \quad \therefore H_A=0 \\
\Sigma y=0 : V_A+V_B-4=0 \cdots ① \\
\Sigma M_A=0 : V_B \cdot 4-4 \cdot 2=0 \quad \therefore V_B=2t \cdots ②
\end{cases}
$$

①，②求得 $V_A=2t$

③ x 4−x 2t M=2x

4−x M=2(4−x) =−2x+8 2t

④ 4m M圖 4t•m

① A 3m 5t B

② M H_A → V 3m 5t

$$
\begin{cases}
\Sigma x=0 : H_A-0=0 \quad \therefore H_A=0 \\
\Sigma y=0 : V-5=0 \quad \therefore V=5t \cdots ① \\
\Sigma M_A=0 : M-5 \cdot 3=0 \\
\qquad \therefore M=15t \cdot m \cdots ②
\end{cases}
$$

③ x 3−x 5t

④ 15t•m M圖 3m

M圖繪製步驟

191

求距邊緣x長度的點的內力。

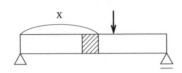

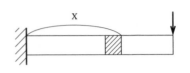

首先要畫出所有作用於上的反力及外力。

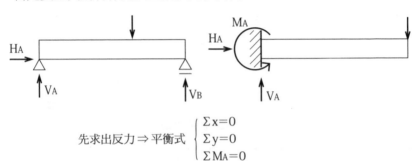

先求出反力 ⇒ 平衡式
$$\begin{cases} \Sigma x = 0 \\ \Sigma y = 0 \\ \Sigma M_A = 0 \end{cases}$$

將微小塊兩側視為螺絲扳手，求出M、Q等算式。

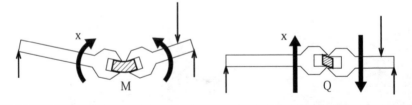

畫圖時可直接將圖畫在物體上。

M圖

畫在凸出處

Q圖

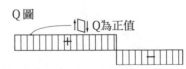

Q為正值

第12章 應力
豆腐腦的忍耐極限!?

哈哈

哈哈

阿晃你又吃馬鈴薯燉肉哦?

你真的很喜歡耶—

阿築還不是一樣吃咖哩。

我也點了馬鈴薯燉肉♪

阿晃大學的人口密度真高—

不好意思啊!又不是我的錯。

人口密度指的是⋯

嗚哇

又是結構力學——的預感。我有不好

那內力的密度就稱為應力。

人口的密度。

人口密度是人的密度，比如說1m²有多少人、1km²有多少人，

寬鬆

阿築大學的
人口密度0.5人／m²

擁擠

阿晃大學的
人口密度2人／m²

同樣地，應力就是指1cm²承受了多少力、1mm²承受了多少力。

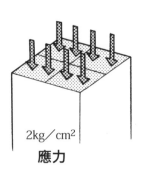

2kg／cm²

應力

啥!?

啊,筷子也借我

阿晃,你的馬鈴薯借我一下!

阿晃

阿築

都用200g的力去壓,

沒看過這種例子⋯↘

斷面積2cm²的馬鈴薯

1cm²的馬鈴薯

2cm²的馬鈴薯不會碎掉,

裂開⋯

但1cm²的馬鈴薯卻會碎掉。

壓碎⋯

沒錯。

所以思考1cm²的應力與1mm²的應力，就變得很重要了。

1cm²的馬鈴薯可以承受1cm²200g的力，

如果我們事前就知道，超過這個數字，馬鈴薯就會碎掉。

那麼3cm²面積的馬鈴薯

緊實⋯

我們就能算出它可以承受3×200×=600g的力了。

如果1cm² 200g的力會使馬鈴薯碎掉，那這200g的力就稱為⋯

「強度」！

這個馬鈴薯因1cm² 200g的力而碎掉

↓

強度＝200g／cm²

人口密度的單位是人／m² 或人／km²，而應力的單位就是g/cm²、kg/mm²、N/mm²等等

g/cm² ?

將內力以面積來計算，就稱為應力，

而達到破壞程度的應力就稱為強度。

強度

彈⋯

應力＝ 內力／面積

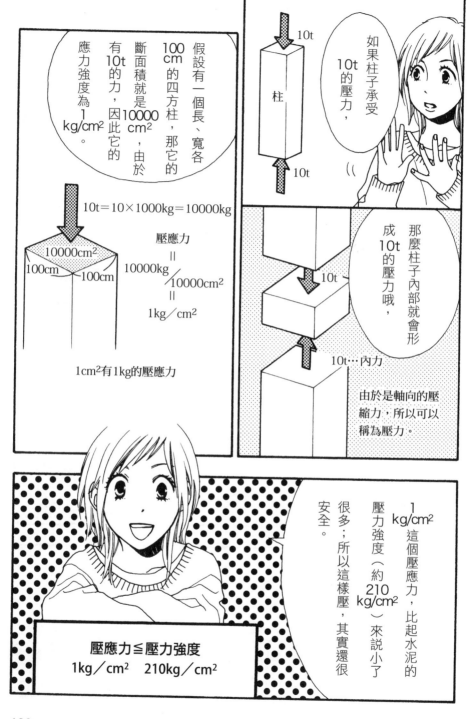

如果柱子承受
10t的壓力，

10t

柱

10t

那麼柱子內部就會形成10t的壓力哦，

10t

10t…內力

由於是軸向的壓縮力，所以可以稱為壓力。

假設有一個長、寬各100cm的四方柱，那它的斷面積就是10000cm²，由於有10t的力，因此它的應力強度為1kg/cm²。

10t＝10×1000kg＝10000kg

壓應力
＝
$\dfrac{10000kg}{10000cm^2}$
＝
1kg／cm²

10000cm²

100cm　100cm

1cm²有1kg的壓應力

1kg/cm²這個壓應力，比起水泥的壓力強度（約210kg/cm²）來說小了很多；所以這樣壓，其實還很安全。

壓應力 ≦ 壓力強度
1kg／cm²　　210kg／cm²

我怎麼覺得有點懂，又有點不懂——

嚼嚼

嚼嚼

強度

嗯……

借我豆腐和紅蘿蔔，

阿築

咻

咻

用借的，啊妳會還我嗎…

把馬鈴薯、豆腐與紅蘿蔔排在一起…

啦——啦啦

嗯呣…妳不要把食物拿來玩啦

將它們的斷面積都切成1cm²。

切…

紅蘿蔔

豆腐

馬鈴薯

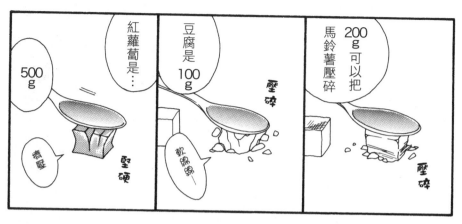

規範內的強度

計算出的應力，一定要低於容許應力才行。如上文所述，它是逼近破壞的應力，在建築法規上有詳細規定。

若容許應力與破壞強度相同，那就很危險。因為應力＝破壞強度，物體就會損壞。

因此，為了安全起見，應力必須比破壞強度小，愈小愈好。

計算出的　　　　　　規範內的

（ 應力 ） ≦ （ 容許應力 ）

先求出載重、　　　為了安全起見，
反力等外力，　　　要訂得比破壞強
再由面積來求　　　度小。
出應力。

用湯匙壓碎的力為載重，在馬鈴薯下方支撐的力是反力，兩者都是外力，

載重（外力）

反力（外力）

馬鈴薯內部產生的是內力。

內力

由於是壓縮形成的內力，所以也稱為壓力。

以單位面積來看作用於內部斷面的內力，就是應力。

應力（壓應力）

當應力超過某個上限就會損壞，而這個應力的上限就稱為強度。

應力≦強度

壓碎

流汗

流汗

臉色發青

好可怕

他昏倒了…

是不是因為腦容量不夠用啊？

呀…

無力…

總結今天的內容—

妳剛剛是騙人的吧…？

哇，那女生好可愛哦…

什麼!? 在哪裡!?

起身—

東張

西望

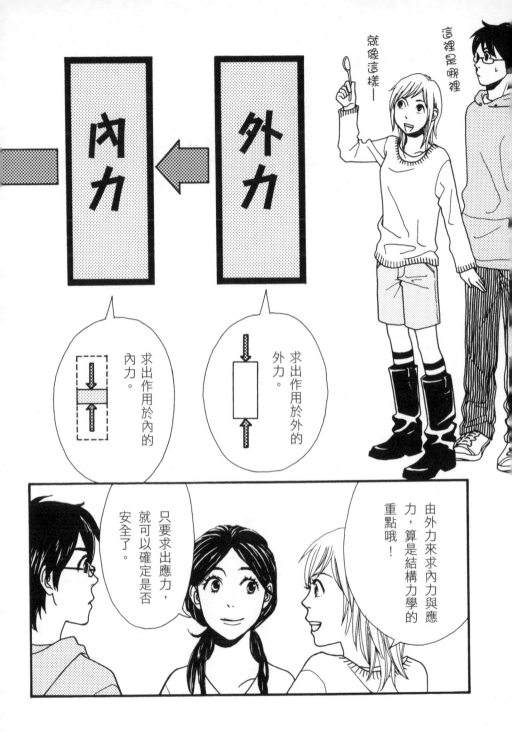

應力 ≥ 容許應力 → OK

應力

求出單位面積的內力，也就是應力。

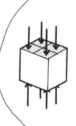

規範中應力不可以超過容許應力，因此要仔細確認。

沒有超過的話就OK！如果超過的話，就要增加斷面積才行。

沒錯，只要知道材料，就可以事先查出它們的容許應力，

喂呀!!可是我的馬鈴薯燉肉都爛掉了!!

一點也不安全!!

還是可以吃啊

不要也壓碎的又丟進來啦!!

大吼大叫

亂七八糟

啊…

真吵

應力是內力的密度。

$$應力 = \frac{內力}{面積}$$

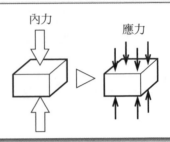

內力

應力

就算內力相同，應力也會因斷面積而有所改變。

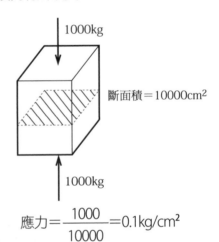

1000kg

斷面積＝100cm²

1000kg

1000kg

斷面積＝10000cm²

1000kg

$$應力 = \frac{1000}{100} = 10 kg/cm^2$$

$$應力 = \frac{1000}{10000} = 0.1 kg/cm^2$$

建築法規規定不可以超過容許應力

應力 ≦ 容許應力

計算順序

　外力 ⇨ 內力 ⇨ 應力 ⇨ 確認應力 ≦ 容許應力
（載重‧反力）

第 13 章 彎曲應力

學分岌岌可危!?

彎矩…

這樣扭的內力是？

扭

拉扯的應力。

剪力。

拉應…

那這樣呢？

扭

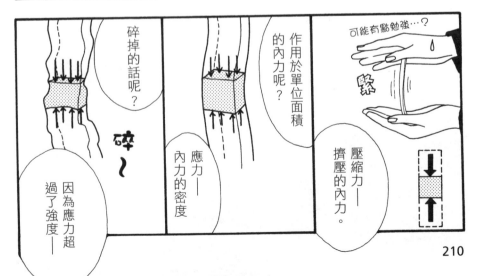

碎掉的話呢？

碎～

因為應力超過了強度——

作用於單位面積的內力呢？

應力—內力的密度

可能有點勉強…？

緊

壓縮力—擠壓的內力。

210

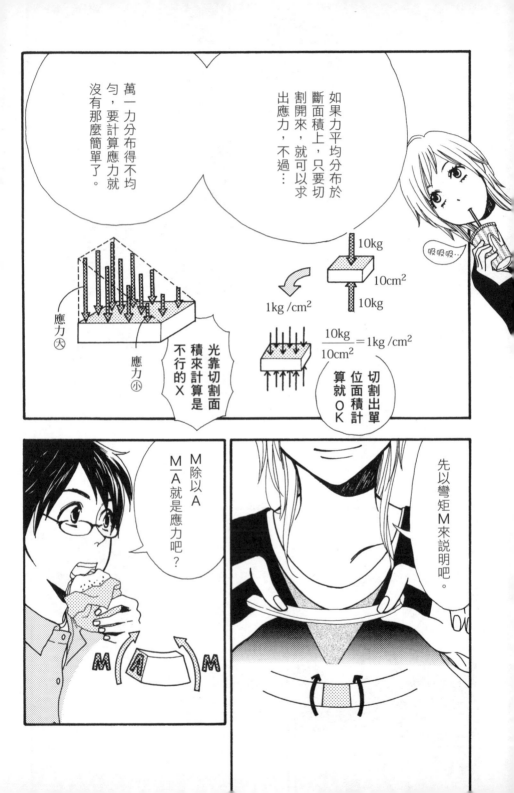

短

上面被壓縮，

下面被拉長。

長

正中間既沒有被壓縮，也沒有被拉長。

與施力前的長度相同

也就是說⋯

正中間既沒有被壓縮，也沒有被拉長。

上面被壓縮，下面被拉長，

這薯條⋯

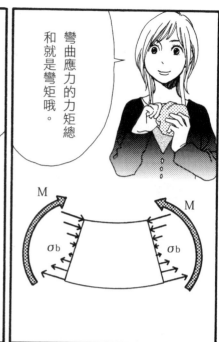

軸應力σ，剪力τ

作用於斷面垂直方向的應力稱為「軸應力」，代表符號為σ；而作用於斷面水平方向的應力則稱為「剪應力」，代表符號為τ（tau）。

所有的應力都可以分解為σ與τ。為了將彎曲應力的σ與其他壓縮力等力的σ作區分，彎曲應力會寫成σ_b，在σ右下加一個小b。

一般來說，我們會觀察與物體軸向垂直的斷面，但有時候，我們也會觀察斜向斷面的τ或σ。

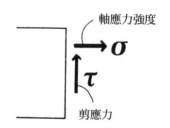

217

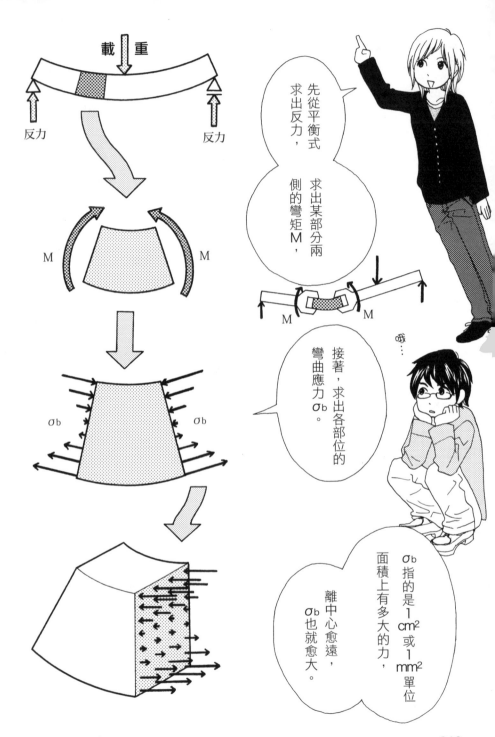

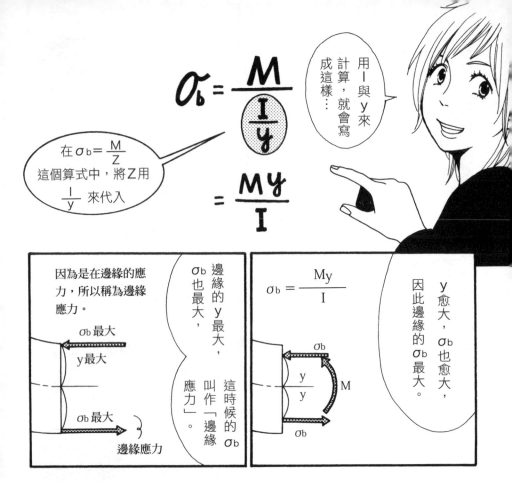

斷面二次力矩I、斷面係數Z

斷面二次力矩I是表示彎曲難易度的係數；其值愈大，表示愈難彎曲。而I也代表了斷面的形狀。若為長方形斷面，且中心有彎曲軸時，I即為（寬×高）^{3}÷12。

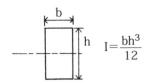

由於高度h會乘3次，因此我們知道h很容易影響彎曲的難易度。

距離軸心的長度為y，斷面係數Z為I／y，要求σ_b之前，一定要先求出Z係數。

半閑。

呼～

打呼

要求邊緣應力時…

嗯!?

誰叫妳要說什麼—什麼σ的……

愛，我到是有啦

你給我起來

好想睡哦—

硬睪

※請不要拿食物來玩耍

σb的最大值≦強度

…邊緣的應力

…不超過此值就很安全

因此我們只要從M來求出最大的σb，並確保它不超過強度來加以設計，結構就會很安全。

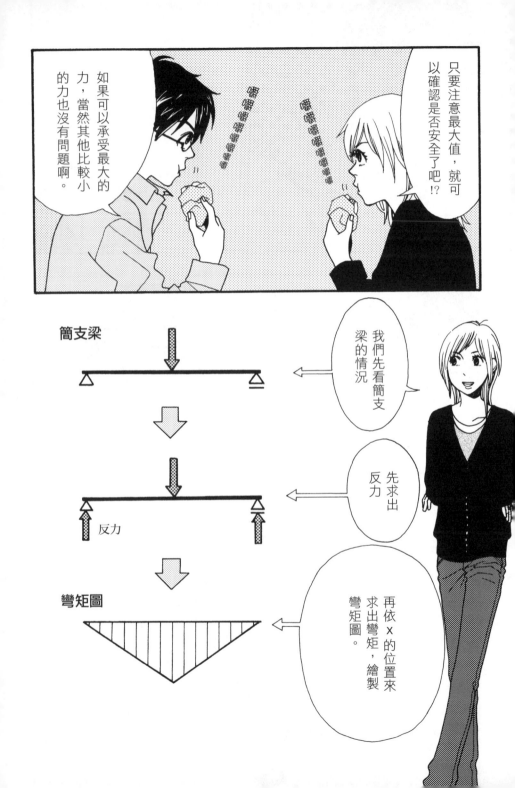

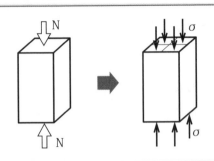

壓應力、拉應力 σ 是指內力除以斷面積。

$$壓應力 \sigma = \frac{N \quad \cdots 壓力}{A \quad \cdots 斷面積}$$

物體彎曲時，仔細觀察會發現有壓縮及拉張兩種情況。

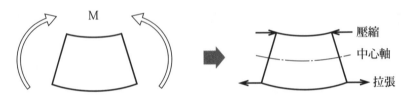

壓縮
中心軸
拉張

將受壓縮及拉張的單位面積應力分解開來，即為彎曲應力 σ_b（sigma b）。

σ_b

不同部位的 σ_b 也會不同，離中心軸愈遠，σ_b 值愈大。

彎曲應力 σ_b 是彎矩除以斷面係數。

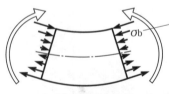

σ_b

σ_b

$$彎曲應力 \sigma_b = \frac{M \quad \cdots 彎矩}{Z \quad \cdots 斷面係數}$$

應力之種類

$$應力 \begin{cases} 壓應力 \; \sigma = \dfrac{N}{A} \\[2mm] 拉應力 \; \sigma = \dfrac{N}{A} \\[2mm] 彎曲應力 \; \sigma_b = \dfrac{M}{Z} \\[2mm] 剪應力 \; \tau = \dfrac{S_1 Q}{IB} \end{cases}$$

應力指的是內力的密度，單位是由「力／面積」組成，如kg／cm²、g／mm²、N／mm²。**而應力就是用「力÷面積」來計算的。**

不過，平均作用於斷面整體的只會有壓或拉兩種情況。

彎曲應力與剪應力強度，會因斷面位置不同而有所改變。因此算式會比較複雜，像是M／Z或S₁Q／（IB）等。儘管算式稍微複雜一些，但單位仍然是kg／cm²這種「力÷面積」的形式。

226

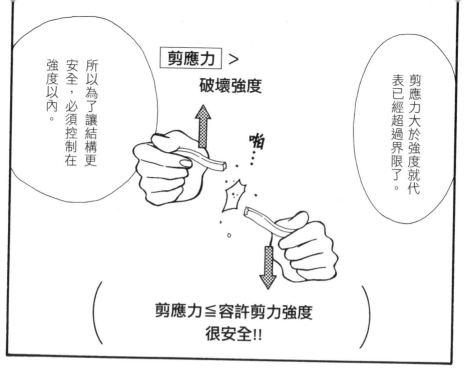

剪應力 >
破壞強度

啪……

剪應力大於強度就代表已經超過界限了。

所以為了讓結構更安全，必須控制在強度以內。

剪應力≦容許剪力強度
很安全!!

把容許應力強度訂得比破壞應力更小，就是基於安全因素哦！

啪……

剪斷破壞

這是……

啪……

…………

啊─啪

這傢伙完蛋了。

哎……

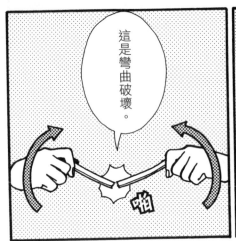

彎曲應力 > 彎曲破壞應力

$$(彎曲應力強度 \leqq 容許彎曲應力 \\ 很安全!!)$$

不超過容許應力就很安全哦！

超過彎曲應力強度，就會形成彎折，

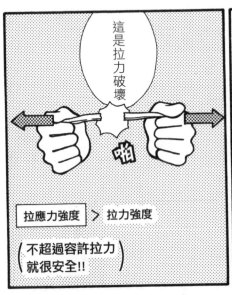

拉應力強度 > 拉力強度

（不超過容許拉力就很安全!!）

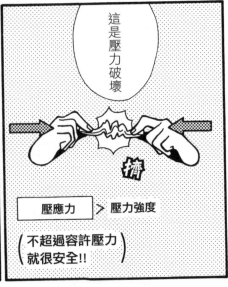

壓應力 > 壓力強度

（不超過容許壓力就很安全!!）

228

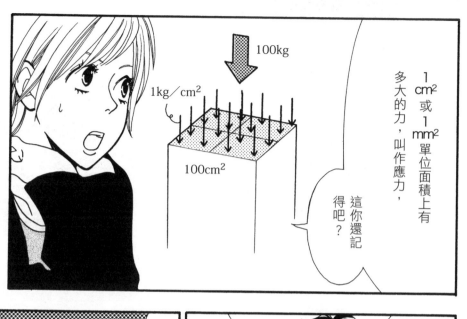

1cm² 或 1 mm² 單位面積上有多大的力，叫作應力，得吧？

100kg

1kg／cm²

100cm²

這你還記得吧？

對啦對啦！因為是內力的密度，所以叫應力嘛！

咦——

人的密度叫人口密度…

這傢伙…

有沒有心要學啊

只不過殺當而已…

妳很煩耶——我已經知道了啦，就是要設計得很安全嘛！

而基於安全因素，容許應力會設得比破壞應力（強度）小。

每個應力都要設計在容許應力以下，這是規定。

破壞應力（強度）

臨界應力

應力強度

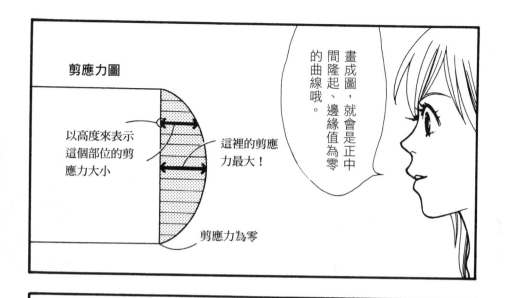

剪應力圖

以高度來表示這個部位的剪應力大小

這裡的剪應力最大！

剪應力為零

畫成圖，就會是正中間隆起、邊緣值為零的曲線哦。

Q：剪力
S_1：y_1 上的斷面一次矩
I：斷面二次矩
b：寬度

y_1

y_1處的剪應力

$$\tau = \frac{S_1 Q}{I b}$$

寫成算式就像這樣！

τ的算式

求剪應力 τ 的算式非常複雜。初學者請先將它當做一個公式記起來。

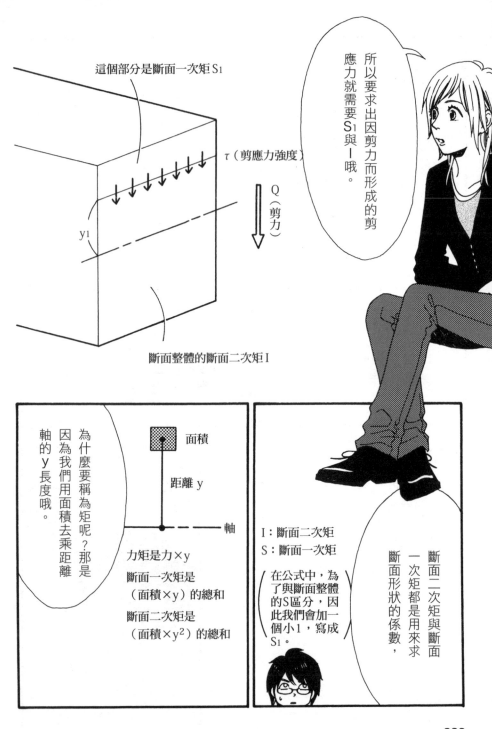

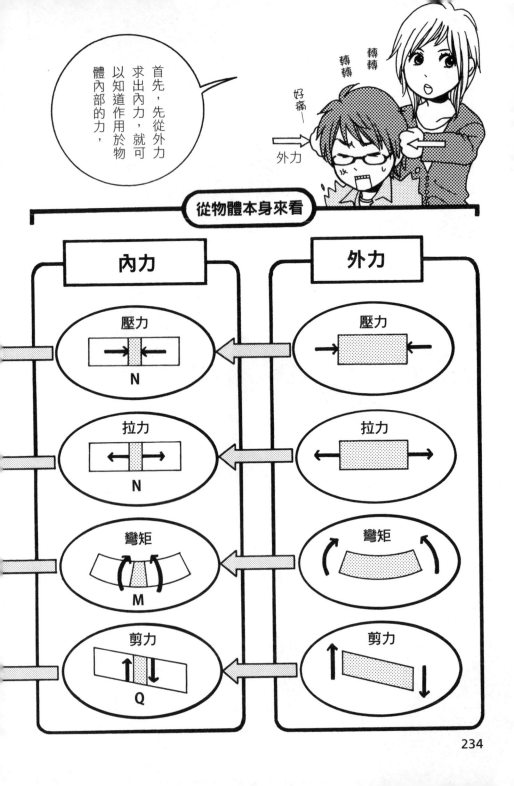

234

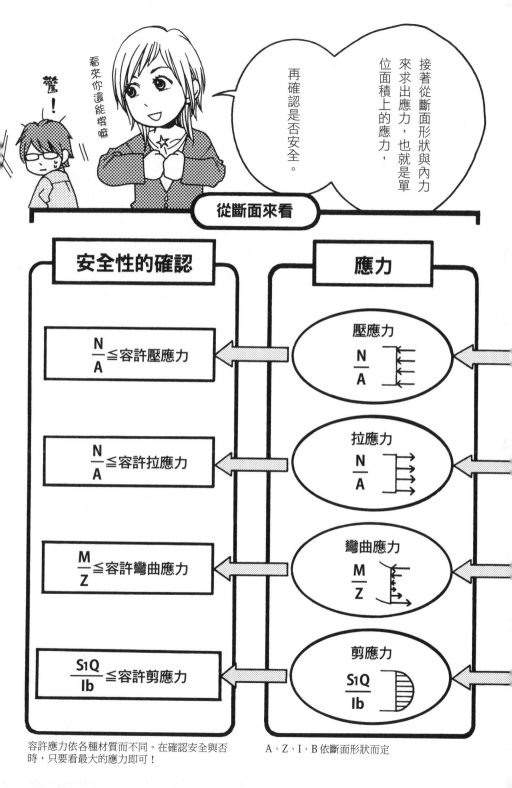

看來你還能撐嘛

驚！

接著從斷面形狀與內力來求出應力，也就是單位面積上的應力，再確認是否安全。

從斷面來看

安全性的確認

$$\frac{N}{A} \leqq 容許壓應力$$

$$\frac{N}{A} \leqq 容許拉應力$$

$$\frac{M}{Z} \leqq 容許彎曲應力$$

$$\frac{S_1 Q}{Ib} \leqq 容許剪應力$$

應力

壓應力

$$\frac{N}{A}$$

拉應力

$$\frac{N}{A}$$

彎曲應力

$$\frac{M}{Z}$$

剪應力

$$\frac{S_1 Q}{Ib}$$

容許應力依各種材質而不同。在確認安全與否時，只要看最大的應力即可！

A、Z、I、B 依斷面形狀而定

應力與內力間的關係

將作用於斷面上的應力全部相加（積分）後，會形成N、M、Q等內力。而將N、M、Q依單位面積分解後，就成了應力。這點請大家牢記在心。

內力……作用於斷面的應力之合力。

應力……將作用於斷面的內力依單位面積分解的結果。

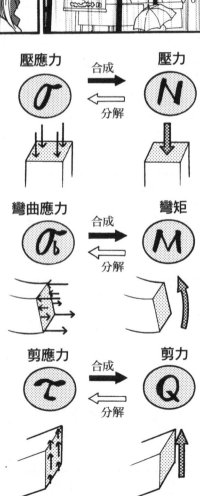

σ_b和τ的最大值

$$\begin{cases} \sigma_b = \dfrac{M}{Z} = \dfrac{M}{\dfrac{I}{y}} = \dfrac{My}{I} \\[2em] \tau = \dfrac{S_1 Q}{Ib} \quad (S_1:y_1\text{上的斷面一次力矩}) \end{cases}$$

σ_b、τ 兩者的大小皆會因與中心之間的距離而有所改變。不能單純用M或Q除以斷面積來計算，計算方式略為複雜。

其實，我們只要觀察最大的 σ_b 與 τ，使其維持在容許應力以內，就可以確保結構安全。因此，我們只需要記得如何求最大值即可。

$$\sigma_b\text{的最大值} = \dfrac{M}{\dfrac{bh^2}{6}} \quad (\text{邊緣部分})$$

$$\tau \text{ 的最大值} = \dfrac{3}{2} \cdot \dfrac{Q}{A} \quad (\text{中心部分})$$

σ_b的最大值位於邊緣處，而 τ 的最大值位於中心。

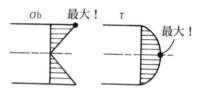

邊緣的算式是$y = \dfrac{h}{2}$，而

$$Z = \dfrac{I}{y} = \dfrac{\dfrac{bh^3}{12}}{\dfrac{h}{2}} = \dfrac{bh^2}{6}$$

我們只要將Z代入$\sigma_b = M/Z$的算式中就可以了。

另一方面，若斷面為長方形，即可用$\dfrac{3}{2} \cdot \dfrac{Q}{A}$（A：斷面積）計算出$\tau$的最大值。

Q／A是單純用Q除以斷面積得到的平均剪應力（單純剪應力）。

σ_b 與 τ 這兩種應力是單位面積的內力，但無法直接除以面積，如 $\dfrac{M}{A}$ 或 $\dfrac{Q}{A}$ 來計算。

為什麼呢？因為 σ_b、τ 兩者的大小在斷面上並不平均。

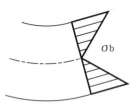 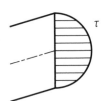

要從點至中心軸的 y（y_1）距離來求 σ_b 與 τ。

$$\sigma_b = \frac{M}{Z} = \frac{M}{\dfrac{I}{y}}$$

$$\tau = \frac{S_1 Q}{Ib}$$

利用最大應力來確認是否安全即可。

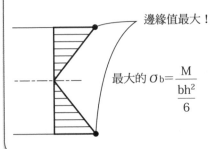

邊緣值最大！

最大的 $\sigma_b = \dfrac{M}{\dfrac{bh^2}{6}}$

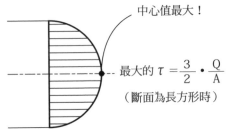

中心值最大！

最大的 $\tau = \dfrac{3}{2} \cdot \dfrac{Q}{A}$
（斷面為長方形時）

Benny's
家庭餐廳

草苺祭

平行移動後
向量不會改變。

力是用向量來
呈現的吧？

不過不只是
那樣吧？

242

壓這裡和壓這裡，杯子移動的方式都不一樣。

但力只要作用點不同，就會跟著改變。

轉

轉

你記得真清楚呢！

就會成為不同的力吧!?

好厲害

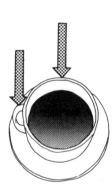

雖然方向、大小相同，但只要作用點不同

那就是力的三要素哦！

力是由方向、大小及作用點來決定的對吧？

我已經不是小學生了…

哇

啪啪啪啪

244

窸窸

不好意思，
我要續…

哇

自兩側壓這
兩個杯子…

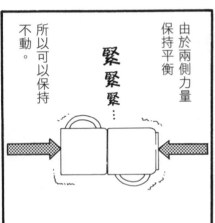

由於兩側力量
保持平衡

緊緊緊…

所以可以保持
不動。

所以是兩個外力
保持平衡吧？

因為它不會動…

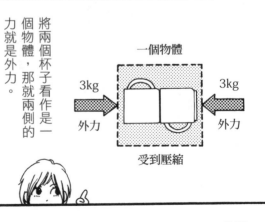

將兩個杯子看作是一
個物體，那就兩側的
力就是外力。

一個物體

3kg　　　　　　　3kg

外力　　　　　　　外力

受到壓縮

246

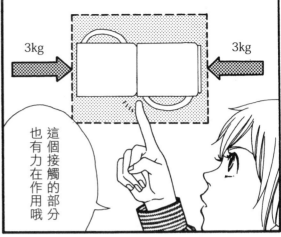

3kg → ← 3kg

這個接觸的部分
也有力在作用哦

因為是內部的力，所以
叫做內力嘛——

我想喝咖啡——

3kg → ← 3kg

這裡也有作用力

觀察右邊的杯子

妳怎麼知道？

為什麼手沒有碰到
卻有作用力呢？

如果沒有這個作
用力的話…

← 3kg

杯子就會往
左邊飛！

那只是妳
的想像吧

哦！飛走了！

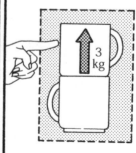

別忘了外力→內力→應力的順序哦！

當…當然。

呵呵…！

阿晃，你能畢業真好！

……

阿晃？

啜泣

太好了──

媽！我成功了！

緊握

！

真是的，總是那麼誇張……

阿築謝謝你──

如果好好唸書，畢業有什麼難的

阿晃，等一下

後 記

如果我們不知道應力、內力為何，也不清楚它們為何如此重要；那麼，就算我們作再多練習題也是枉然；同樣的，若我們搞不清楚斷面二次矩、斷面係數為何如此重要，或如何運用在日常生活中，那麼，就算記再多公式也是白費力氣。筆者相信，很多學生在學結構力學時，一定也常因為不明白它的意義而感到很痛苦吧。

筆者希望藉由這本《漫畫結構力學入門》來校正初學者容易犯的錯誤，並逐步解說內力、應力、斷面二次矩、斷面係數等重要概念。我以日常生活為例，用簡單到不行的方式反覆說明，希望大家可以藉著享受漫畫的樂趣，同時精進結構力學的基礎理解，相信只要多讀幾回，大家一定可以融會貫通。此外，若各位讀者希望深入鑽研力學，不妨參考拙作《結構力學超級學習法》，該書提到了本書未曾觸及的變形、靜不定結構等概念。

為了以漫畫形式表現，筆者特地於「日本漫畫學院」進修一年，終於順利將本書完成。期間除了受到許多漫畫前輩的指導，更多虧Sano Marina老師，才能將筆者構思的內容繪製、修改成精美的漫畫。本書的企畫為彰國社編輯部中神和彥先生，而尾關惠女士則協助了本書的編輯作業，在眾人合力之下，本書才得以出版，謹在此表達筆者由衷的謝意。

原口秀昭
2005年8月

漫畫結構力學入門【暢銷修訂版】

原著書名	マンガでわかる構造力學
著　　者	原口秀昭
漫　　畫	Sano Marina
譯　　者	賴庭筠
選 書 人	蔣豐雯

總 編 輯	王秀婷
責任編輯	吳欣怡
美術編輯	于　靖
版　　權	徐昉驊
行銷業務	黃明雪

國家圖書館出版品預行編目資料

漫畫結構力學入門／原口秀昭著；賴庭筠譯
二版 — 台北市：積木文化出版：英屬蓋曼群
島商家庭傳媒股份有限公司城邦分公司發行
2022.08　256面：14.7*21公分　譯自マンガ
でわかる構造力學
ISBN：978-986-459-428-3（平裝）
1. CST：結構力學　2. CST：漫畫
440.15　　　　　　　　　　　111010500

發 行 人	涂玉雲
出　　版	積木文化

104台北市民生東路二段141號5樓
電話：(02) 2500-7696｜傳真：(02) 2500-1953
官方部落格：www.cubepress.com.tw
讀者服務信箱：service_cube@hmg.com.tw

發　　行　英屬蓋曼群島商家庭傳媒股份有限公司城邦分公司
台北市民生東路二段141號2樓
讀者服務專線：(02)25007718-9｜24小時傳真專線：(02)25001990-1
服務時間：週一至週五09:30-12:00、13:30-17:00
郵撥：19863813｜戶名：書虫股份有限公司
網站：城邦讀書花園｜網址：www.cite.com.tw

香港發行所　城邦（香港）出版集團有限公司
香港灣仔駱克道193號東超商業中心1樓
電話：+852-25086231｜傳真：+852-25789337
電子信箱：hkcite@biznetvigator.com

馬新發行所　城邦（馬新）出版集團 Cite（M）Sdn Bhd
41, Jalan Radin Anum, Bandar Baru Sri Petaling, 57000 Kuala Lumpur, Malaysia.
電話：(603) 90578822｜傳真：(603) 90576622
電子信箱：cite@cite.com.my

封面設計　葉若蒂
製版印刷　上晴彩色印刷製版有限公司

城邦讀書花園
www.cite.com.tw

ALL RIGHTS RESERVED.
Japanese title:Manga de wakaru Kozorikigaku By Hideaki Haraguchi,Marina Sano
Copyright©2005 by Hideaki Haraguchi,Marina Sano
Original Japanese edition
Published by SHOKOKUSHA Publishing Co., Tokyo, Japan
Chinese translation rights©2009 by Cube Press
Chinese translation rights arranged with SHOKOKUSHA Publishing Co., Ltd.,Tokyo, Japan

【印刷版】
2009年2月17日　初版一刷
2022年8月4日　二版一刷
售　價／NT$350
ISBN 978-986-459-428-3
Printed in Taiwan.

【電子版】
2022年8月
ISBN 978-986-459-431-3（EPUB）

有著作權・侵害必究